經營顧問叢書 ③³⁵

人力資源部官司案件大公開

鄭鴻波　編著

憲業企管顧問有限公司　發行

《人力資源部官司案件大公開》

序　言

　　企業最重要的資產是人才，人才也是最具投資價值的一環，為幫助企業提高人力資源管理效率，使企業的人力資源部管理工作達到專業化與高效化的水準。《人力資源部官司案件大公開》一書針對具體的案例官司業務，從多個視角為人力資源部提供了一套完善的可操作化解決方案。

　　本書本著系統、實用的原則，詳細闡述關鍵事項，并針對事項，提出了系統化的解決之道，為讀者提供了工作中可以使用的工具、方法、方案模板內容，便於人力資源部將各項工作落到實處。

　　本書在強調企業人力資源部在平時應有正確作法，講解技巧。全書以人力資源部的案例官司為主，輔以說明，并解釋其中的管理重點。本書的特點，體例新穎，簡潔實用，符合讀者的「實際需求」，看本書案例，就值回票價了！

　　本書既可作為工作指導參考用書，又是人力資源部的培訓教材。

　　本書作者在臺灣擔任總務課長，臺商企業人力資源經理，上海、廣東省大陸企業的人力資源部部長等職，有長期在兩岸人力資源管理的豐富經驗。

書中的案例，有臺灣本土的人力資源案例，也有在大陸設廠後的人力資源案例，兩地法律不同，管理制度也不同，作者盡量找出，并請讀者明識。

　　本書採用問答的形式，回答了人力資源部在工作中經常遇到的問題。在問題解答過程中，本書拋開了泛泛而談的理論，以人力資源部在實際工作中所需、急需的技能為出發點，針對核心業務中存在的問題提供有效的方法和工具。且本書各章及問題既相對獨立，又共同構成了人力資源管理知識的完整體系，便於讀者掌握應用。

　　本書注重理論與實際相結合，既有深入淺出的理論闡述，又注重實用有效方法的介紹，靈活應用於實際工作中。

　　內容採用例的實實講解，為人力資源各項工作提供了可操作性的解決方案。讓讀者可以學以致用、拿來即用或稍改即用。

2019 年 7 月

《人力資源部官司案件大公開》

目　錄

第 一 章

保護公司的商業機密

1 企業應有完善的保密制度

企業的機密事項，往往就像一層紗，這層紗很容易被揭開，一旦被揭開了，企業就什麼都沒有了。而這是企業可能投資十幾個億、二十幾個億之後得到的東西。

而一份全面的保密制度能夠幫助企業靈活操作，規避這種法律風險，相反，一份漏洞百出的保密制度只能拉企業的後腿，使企業遭受重大的損失。所以，設計一份合法有效並全面的保密制度是每個企業的當務之急。

首先要注意的是，保密制度中的條款必須合法、清晰、明白，沒有歧義。

其次，企業在制定保密制度的時候，要遵循公平合理的原則，能夠兼顧雙方的利益。

根據規定，當事人應當遵循公平原則確定雙方的權利和義務。所以，雖然用人單位有權採取措施保護企業的秘密不被洩露，但在訂立保密制度時也要注意不能侵害員工的合法權利。

對於員工來說也是一樣的，雖然他們有擇業的自由，但在行使權利時同樣不得損害用人單位的商業秘密。若用人單位以限制員工自由擇業為目的而制定保密制度或者約定商業秘密的協議，那麼都是無效的。當事人應當遵循公平合理原則確定雙方的權利和義務才具有法律效力。

（案例）

A 公司主要從事衡器及配套產品生產與銷售業務。2004 年 7 月，A 公司與新錄用的員工 B 先生簽訂了工作合約。雙方約定，合約有效期自 2004 年 7 月至 2010 年 8 月；任何一方違反工作合約，均須向另一方承擔賠償責任。

2005 年 3 月，A 公司欲派遣 B 先生去日本培訓。B 先生同意並向 A 公司作出了書面保證；「第一，嚴格保守 A 公司的技術、資料信息等商業秘密；第二，如辭職、終止合約或退休離開 A 公司後，不將 A 公司商業秘密透露或允許他人透露給第三方；第三，若違反以上規定，本人願意接受有關法律的追究。」

2005 年 6 月中旬至 7 月初，B 先生被派往日本培訓兩週。2007 年 2 月，B 先生提出解除工作合約，並再次向 A 公司作出書面保證：離開 A 公司後，保證不洩露 A 公司的商業秘密。A 公司隨即為其辦理了離職手續。

2007 年 3 月，B 先生找到了新的工作，在 C 公司任職。該

公司的業務中包括了衡器的銷售。同年 5 月，A 公司出現部份銷售人員集體辭職，並帶走了部份客戶名單。後 A 公司經過多番查證，該些銷售人員全部進入 B 先生所在 C 公司工作，並且 B 先生事先已將 A 公司銷售人員的薪資待遇透露給了 C 公司。

2007 年 7 月，A 公司以 B 先生和銷售人員侵犯商業秘密為由，要求 C 公司停止與他們的工作關係，遭到了 C 公司的拒絕。A 公司隨即向仲裁部門提出了仲裁申請，要求 B 先生等員工立即停止在 C 公司的工作，並賠償 A 公司損失。

仲裁部門以 A 公司請求不屬於其受理範圍為由，作出了不予受理的決定。A 公司不服，提起了訴訟。

法院審理後發現，A 公司與 B 先生之間沒有保密協議，A 公司內部也沒有相關的保密制度。法院判決 A 公司敗訴。

（說明）

本案中雙方的爭議焦點為 B 先生對 A 公司作出的書面保證。A 公司之所以干涉 B 先生的新工作，就是因為 B 先生在職期間作出了多次書面保證，承諾不透露 A 公司的商業秘密。而 A 公司之所以被判敗訴，原因也就是 B 先生作出的書面保證。

分析 A 公司的敗訴原因，主要是其內部關於保密事項的管理制度不健全造成的。A 公司在長期的管理中，並沒有十分重視該類事件的管理，因此也就沒有健全 A 公司內部規章制度的意識，由於沒有將員工的薪資標準、客戶名單等列入商業秘密中，所以造成了 A 公司利益受損後才來追究的被動局面。

2 加強員工離職之後，商業秘密的保護

　　對於掌握企業商業秘密（含經營信息及技術信息）的關鍵崗位的重要管理人員和專業技術人員的離職，企業不僅要在離職辦理中注意防範問題的出現，而且應在工作合約等法律文書中做出約定。

　　⑴脫密期約定。所謂脫密期，是指對負有保守企業商業秘密義務的員工，企業在工作合約解除或終止前的一定期限內，使其脫離涉及商業秘密的崗位。在企業與關鍵崗位的核心員工簽訂的工作合約中，可以對員工要求解除工作合約的提前通知期做出約定，在這個期限內，企業可以讓瞭解、掌握企業商業秘密的員工脫離原工作崗位一段時間或變更其工作內容，同時企業應採用適當的保密設施及其他合理的脫密措施，使企業的商業秘密得到進一步的保護。

　　⑵競業禁止約定。企業在員工入職、工作期間可與員工簽訂競業避止協議，也可以在員工離職時與員工簽訂。需要注意兩個問題，一是競業避止期限；二是競業避止補償。原勞動部《關於企業職工流動若干問題的通知》規定：用人單位也可以規定掌握商業秘密的職工在終止或解除工作合約後一定期限內，不得再生產同類產品及有競爭關係的產品或經營同類業務，但用人單位應當給予該職工一定數額的補償。

　　因此，對於掌握商業秘密員工的離職，企業應從員工在職時即通過與員工簽訂相應的法律文件來約束其離職行為，依據法律規定進行企業權益的自我保護，防範法律風險的出現。

3 員工竊取商業秘密，應賠償公司損失

明確員工離職之後對公司的商業秘密仍然有保密的義務。

對於處於企業關鍵崗位員工，涉及公司商業機密的，視情況決定是否簽訂競業限制協定，以明確離職後是否要履行其競業限制的義務。

許多企業將保密費用和競業限制的補償金混淆在一起。

保密費用是企業為了要求員工保守商業秘密所支付的費用，當員工洩密時，公司可以根據約定要求其返還保密費用。

而競業限制補償金是要求員工在離職之後兩年內不能到與本企業生產經營同類產品、從事同類業務的有競爭關係的其他企業工作或自營。要求員工行使競業限制義務的，應當簽好相關協議，約定競業限制的範圍、地域等。根據各地的標準，一般競業限制的補償金不低於年收入的 30%即可。競業限制協議要早簽，由於競業限制的補償金較少，大多員工不願意為了一點點錢而轉行做不熟悉的工作，所以離職時才簽就很難了。對於簽完協議的員工應在員工離職時，再次和員工核對帳戶信息，按月支付競業限制補償金，要知道員工競業限制義務的行使是以公司支付競業限制補償金為前提的。

此外，對於已經和員工簽訂保密協定並約定一定期限的脫密期的員工，不能再要求其行使競業限制義務，因為根據《關於企業職工流動若干問題的通知》，脫密期和競業限制只能二選一使用。

綜上所述，完善的離職管理制度，可以有效掐斷地雷的引線，從而有效預防過程中的爭議糾紛的出現。

（案例）

A 公司是國內唯一生產 15n 標記化合物的單位，15n 技術為該公司的自主知識產權。為保護自行研發的 15n 技術，先後制定了相關保密制度，並將 15n 技術的所有資料存檔並列為「秘密」等級。

2014 年 5 月，A 公司發現，熟知 15n 生產技術的該院職工曹某、謝某、姚某辭職後跳槽至 B 公司工作，且 B 公司的 15n 生產裝置、技術路線、流程與 A 公司完全一致。其生產的 15n 標記化合物透過 C 公司出口銷售。同時，B 公司還向 A 公司的國內外代理商用發傳真、送樣品等方式，低價提供 15n 標記化合物，嚴重影響了 A 公司產品銷售，給該院造成了巨大損失。

為此，A 公司於 2015 年 10 月以侵害商業秘密為由，將曹某、謝某、姚某三人以及 B 公司告到市二中院，要求四被告停止侵權，賠償損失 230 餘萬元，並由四被告承擔連帶賠償責任。在案件審理期間，由於四被告涉嫌侵犯商業秘密罪被提起公訴，此案於 2016 年 1 月中止審理。同年 5 月和 8 月普陀區法院和市二中院先後對上述四名被告人作出刑事一審判決和終審裁定，分別以侵犯商業秘密罪判處曹某、謝某和姚某有期徒刑 9 個月至 1 年，並各處罰金 2 萬至 3 萬元不等；B 公司亦構成侵犯商業秘密罪，被判處罰金 30 萬元。

2016 年 8 月，恢復對本案的審理。四名被告重新回到民事

被告席。同時,根據 A 公司的申請,法院通知 C 公司為本案共同被告。2017 年 2 月 2 日,法院對化工研究院訴被告曹某、謝某、姚某、B 公司和 C 公司侵害商業秘密糾紛一案作出一審判決,判令五被告停止對 A 公司穩定性同位素 15n 技術商業秘密的侵害;在報上刊登啟事;並連帶賠償 A 公司損失 230 萬元。

（說明）

商業秘密是企業重要的無形資產,它對企業在市場競爭中的生存和發展有著重要影響,一旦公司商業機密遭到洩露,被他人利用,造成的損失不僅僅是洩露當時的實際損失,更是日後長期不可估量的潛在損失。

事實證明,企業商業秘密保護中最大的風險來自參與人員的洩密和同行的「挖角」,因此,加強技術人員及高管的管理就成了商業秘密保護的重要環節。

簽訂保密合約、制定保密制度、約定競業限制、申請專利、發現洩密行為後及時向公安機關報案⋯⋯企業其實有很多法律手段可以用來保護商業秘密。

本案中,A 公司的成功勝訴為我們上了很好的一課。

為防止商業秘密洩露的競業限制

競業限制，又稱競業禁止，指的是企業為防止企業一些商業秘密洩露或者員工利用企業原有的資訊、資源跳槽到與其有競爭關係的企業中從事工作，而與員工約定，在員工解除勞動關係後的一定時間內，不得到與其本單位生產或者經營同類產品、從事同類業務的有競爭關係的其他用人單位，或者自己開業生產或者經營同類產品、從事同類業務的競業限制。

競業限制的前提條件是有可以保守的商業秘密，並且這些商業秘密有可能被接觸到。如果用人單位根本沒有商業秘密，或者雖然有商業秘密，但員工根本就不可能接觸到，就沒有必要簽訂競業限制協定。因為簽訂競業限制協定也是需要付出代價的。《反不正當競爭法》規定，商業秘密是指不為公眾所知悉、能為權利人帶來經濟利益、具有實用性並經權利人採取保密措施的技術資訊和經營資訊。具體究竟哪些算商業秘密，用人單位需要根據本單位的實際情況做出規定。

1.競業限制的對象。

競業限制的人員限於用人單位的高級管理人員、高級技術人員和其他負有保密義務的人員。

所謂的企業高級管理人員，並沒有明確的規定，是副總以上才算高級管理人員還是中層以上的都算高級管理人員，高級技術人員也不是必須取得資格證書的技術人員，究竟哪些屬於高級管理人

員，哪些屬於高級技術人員，哪些是負有保密義務的人員，國家並不做強制性規定，由企業根據自己的實際情況自由判斷，如果企業認為需要與某個員工簽訂競業禁止協定，即使該員工不屬於高級管理人員或者高級技術人員，也是可以簽訂的。

因此，在簽定競業限制協定的物件上，並沒有強制性的規定，只要用人單位認為員工掌握單位的一定的秘密，都可以與其簽訂。

2.競業限制的期限、範圍、地域。

用人單位與掌握商業秘密的職工在工作合約中約定保守商業秘密事項時，可以約定職工在終止或解除工作合約後的一定期限內（不超過 3 年），不得到生產同類產品或經營同類業務且有競爭關係的其他用人單位任職，也不得自己生產與原單位有競爭關係的同類產品或經營同類業務。

在解除或者終止工作合約後，前款規定的人員到與本單位生產或者經營同類產品、從事同類業務的有競爭關係的其他用人單位，或者自己開業生產或者經營同類產品、從事同類業務的競業限制期限，不得超過二年。

3.競業限制的違約責任。

按照規定，除了向工作者提供了專項培訓或者簽訂了競業限制協定外，用人單位不得與工作者約定由工作者承擔違約金。工作者違反競業限制約定的，應當按照約定向用人單位支付違約金。

單位與工作者簽訂了競業限制協定，由於單位給予工作者經濟補償，如果工作者違反了競業限制的規定，工作者將要承擔相應的違約責任，用人單位可以向工作者主張違約金。

關於違約金的數額，法律上並沒有做明確的規定，可以由用人

單位和工作者協商決定，但建議企業約定的違約金數額不要太低，如果約定的違約金數額太低，將使工作者很容易故意違反競業限制的約定，以違約金換取擇業的自由，起不到協定本來的目的；但違約金數額也不宜太高，遠遠超過了工作者的承受能力。

4.企業在簽訂競業限制過程中需要注意的問題。

⑴並不是簽訂競業限制協定的員工越多就越好

很多單位認為，既然競業限制協議可以限制員工到競爭對手處工作，為了以防萬一，那就與所有的員工都簽訂競業限制協議，這樣就可以防止員工跳槽到競爭對手處工作。其實這種理解是片面和錯誤的，因為簽訂競業限制協議，在員工離職的時候，就需要支付相應的經濟補償金，因此簽訂競業限制協定，對於企業來說，是需要付出很大的代價的。對於大多數不掌握商業秘密的員工來說，是不需要簽訂競業限制協定的。只需要對高級管理人員、高級技術人員或者掌握其他重大秘密的員工簽訂競業限制協議就可以了。

⑵競業限制協定不能強制簽訂，必須與員工協商一致，因此最好在與員工簽訂工作合約的時候就簽訂競業限制協議

有些企業在競業限制的簽訂上存在誤區，認為只要單位提出與員工簽訂競業限制的協定，員工就必須接受，員工只有服從的義務，是否簽訂競業限制協定由單位決定，其實這種理解是錯誤的。競業限制協定是用人單位與工作者在平等的基礎上協商一致而達成的，如果用人單位與工作者無法達成一致，用人單位不能強迫工作者簽訂競業限制協定，更不能以工作者不同意簽訂競業限制協定為理由，與工作者解除工作合約。如果用人單位以工作者不同意簽訂競業限制協定為理由與工作者解除了工作合約，屬於違法解除工

作合約，工作者有權要求用人單位繼續履行工作合約或者要求用人單位支付經濟補償金和違法解除工作合約的經濟賠償金。

基於以上的原因，因此如果用人單位打算與工作者簽訂競業限制協定，最好在與工作者簽訂工作合約的同時就簽訂。如果工作者不同意簽訂競業限制協定，用人單位可以考慮不與工作者簽訂工作合約。但一旦用人單位與工作者簽訂了工作合約，用人單位再與工作者協商簽訂競業限制協定，就比較困難，特別是在用人單位與工作者發生糾紛的時候，要想達成競業限制協定更是困難，即使達成競業限制協定，用人單位也將會付出更大的代價。

⑶應該明確競業限制的地域、範圍，越具體越好

企業在與員工簽訂競業限制協定的時候，有些企業認為，有些方面可能考慮不周全，所以就在競業限制的地域、範圍上，寫得非常的模糊和籠統。需要提醒企業的是，並不是寫得越籠統、越寬泛對企業的保護力度就越大。

如果企業有比較明確的競爭物件，可以在競業限制協議中列明該員工不得到某些企業任職，同時對於哪些屬於有競爭關係的企業，最好界定得清楚些。

⑷違約責任一定要約定明確

企業在與員工簽訂競業限制協定的時候，一定不要忘了約定違約責任，如果沒有與員工約定違約責任，員工違反了協議給企業造成損失的，企業仍然可以追究員工責任，要求員工賠償損失，但由於舉證責任非常困難，而且如果沒有造成損失，企業也無法主張員工承擔違約責任，因此企業一定要與員工約定違約責任。

5 競業限制協議書

甲方：　　　　　　　　　乙方：

法定代表人：　　　　　　身份證號碼：

地址：　　　　　　　　　住址：

郵遞區號：　　　　　　　郵遞區號：

鑒於乙方已經（可能）知悉甲方重要商業秘密或者對甲方的競爭優勢具有重要影響，為保護雙方的合法權益，甲、乙雙方根據國家有關法律法規，本著平等、自願、公平、誠信的精神，經充分協商一致後，共同訂立本協議。本協議的制定遵循如下原則：既要防止出現針對甲方的不正當競爭行為，又要保證乙方依法享有的勞動權利得到實現。

一、雙方確認。已經仔細審閱過協定的內容，並完全瞭解協定各條款的法律含義。

二、乙方在任職期內及雙方之間的《工作合約》解除或終止之日起兩年內承擔以下競業限制義務：

1. 不得自辦與甲方有競爭關係的企業或者從事與甲方保密資訊有關的生產和服務。

2. 不得到與甲方有競爭關係或者從事相同或類似業務的其他企業、事業單位、社會團體內擔任任何職務（包括但不限於股東、合夥人、董事、監事、經理、員工、代理人、顧問等）。

3. 不直接或間接地勸說、引誘、鼓勵或以其他方式促使甲方的

任何管理人員或員工終止該等管理人員或員工與甲方的聘用關係。

4. 不直接或間接地勸說、引誘、鼓勵或以其他方式促使甲方的任何客戶、供應商、被許可人、許可人或與甲方有實際或潛在業務關係的其他人或實體（包括任何潛在的客戶、供應商或被許可人等）終止或以其他方式改變與甲方的業務關係。

5. 不直接或間接地以個人名義或以一個企業的所有者、許可人、被許可人、本人、代理人、員工、獨立承包商、業主、合夥人、出租人、股東或董事或管理人員的身份或以其他任何名義實施下列行為：

(1)投資或從事甲方業務之外的競爭業務；

(2)成立從事競爭業務的組織；

(3)向甲方的競爭對手提供任何服務或披露任何保密資訊。

三、競業限制補償金

根據相關規章、政策規定，甲、乙協商確定，甲方每年向乙方支付競業限制補償費總金額為雙方終止工作合約前 12 個月工資總額的%，即金額人民幣（￥＿＿）元。

四、競業限制補償金以下述第種方式支付

1. 本協定簽署之日起＿＿＿日內，甲方向乙方一次性支付競業限制補償金；

2. 競業限制期限內，甲方於每月＿＿＿目前，向乙方支付競業限制補償金人民幣＿＿＿（￥＿＿）元；

乙方指定的收款方式為：

開戶行：

開戶名：

帳號：

五、在競業限制期限內，如甲方經營過程中需要乙方提供其所掌握的與其原工作相關的資訊、資料或提供技術協助時，乙方應當給予必要的協助和配合。

乙方必須在離職後每半年提供其在職證明，或其他以證明其在職狀態或具體工作單位的書面檔。如果乙方拒絕提供，甲方有權不支付乙方競業禁止補償金；超過 3 個月乙方不提供書面證明的，視為乙方違約競業禁止約定，乙方需要承擔相應的責任。

六、違約責任

1. 乙方不履行本協議第二條第 1 項規定的義務，應當承擔違約責任，一次性向甲方支付違約金人民幣元。乙方因違約行為所獲得的收益應當還給甲方。公司有權對乙方給予處分。

2. 如果乙方不履行本協議第二條第 2、3、4、5 項所列義務，應當承擔違約責任，一次性向甲方支付違約金人民幣＿＿元。因乙方違約行為給甲方造成損失的，乙方應當承擔賠償責任。

3. 前款所述損失賠償按照如下方式計算：

(1)損失賠償額為甲方因乙方的違約行為所受的實際經濟損失和甲方可預期收益。

(2)甲方因調查乙方的違約行為而支付的合理費用，應當包含在損失賠償額之內。

(3)因乙方的違約行為侵犯了甲方的合法權益，甲方可以選擇根據本協定要求乙方承擔違約責任，或者依照有關法律法規要求乙方承擔侵權責任。

4. 甲方逾期向乙方支付競業限制補償費的，每逾期一天，按照

應付金額的千分之一向乙方支付違約金,超過三個月的,乙方有權解除合約。

七、爭議的解決辦法

因本協議引起的糾紛,可以由甲、乙雙方協商解決或者委託雙方信任的第三方調解。如一方拒絕協商、調解或者協商、調解不成的,任何一方均有權提起訴訟,由甲方所在地人民法院管轄。

甲方:(蓋章)

法定代表人:(簽名)　　　　　　　　　　年　月　日

乙方:(簽名)　　　身份證號碼:　　　　年　月　日

6 保密協定合約的範例

工作合約

甲方:　　　　　　　　　乙方:

法定代表人:　　　　　　身份證號碼:

地址:　　　　　　　　　住址:

郵遞區號:　　　　　　　郵遞區號:

聯繫方式:　　　　　　　聯繫方式:

乙方承諾在與甲方簽訂本工作合約前,已與乙方原工作單位解除工作合約,並完善所有手續,不存在與原工作單位有任何糾紛或違反工作合約及其他事情,若由此引起的一切責任和後果由乙方自行承擔,甲乙雙方本著自願、平等的原則,經協商一致,同意簽訂

本合約，並共同遵守。

一、合約的類型和期限

第一條　合約類型和期限

(一)本合約為有固定期限合約。

合約期限＿＿年，自＿＿年＿月＿日至＿＿年＿月＿日。

(二)本合約為無固定期限合約。

合約期限＿＿年，自＿＿年＿月＿日起。

(三)本合約為以完成一定工作為期限的合約。具體內容為：

_____

二、試用期

第二條　本合約的試用期自＿＿年＿月＿日至＿＿年
＿月＿日。

第三條　錄用條件為：_____。

三、工作內容

第四條　乙方的工作內容為：_____。

第五條　甲方因工作需要，按照誠信合理的原則，參照乙方的
專業、經驗、能力和表現，向乙方說明情況後，可以調動乙方的工
作崗位。乙方如無特殊原因，應服從甲方的工作安排。乙方必須按
照甲方確定的崗位責任和操作規程進行作業，並保質保量完成任
務。

四、工作時間和休息休假

第六條　乙方所在崗位執行＿＿＿工時制。

具體為：_____。

第七條　乙方享受每週不少於一天的休假和規定的各種法定

有薪假期。有薪公休假按甲方規定執行。

五、報酬

第八條 甲方實行月薪制。乙方的月工資為＿＿＿＿元，其中試用期間工資為＿＿＿＿元。

第九條 根據甲方現行工資制度，甲方每月十日前以貨幣形式足額支付乙方上月的工資。乙方個人所得稅由甲方按規定代扣代繳。

第十條 本合約履行期間，乙方的工資調整按照甲方的工資制度確定。

第十一條 甲方安排乙方延長工作時間或者在休息日、法定休假日工作的，應依法安排乙方補休或支付相應工資報酬。

第十二條 每年甲方向乙方發放＿＿＿＿個月工資。

六、社會保險和福利待遇

第十三條 甲方應按國家和本市社會保險的有關規定為乙方辦理社會保險參保事宜，並代為存入乙方個人帳戶，乙方個人繳納部份由甲方按規定在乙方當月工資中代扣代繳。

第十四條 乙方患病或非因工負傷，其病假工資、疾病救濟費和醫療待遇等按照本市有關規定執行。

第十五條 乙方患職業病或因工負傷的工資和工傷保險待遇及事件、事故處理按本市有關規定執行。

第十六條 甲方給予乙方的其他福利待遇按甲方有關文件執行。

七、勞動保護、職業危害防護

第十七條 甲方建立健全工作制度，制定操作規程、工作流

程、工作規範和勞動安全衛生制度及其標準。甲方對可能產生職業病危害的崗位，應當向乙方履行告知義務，並做好勞動過程中職業危害的預防工作。

第十八條　甲方為乙方提供必要的勞動條件以及安全衛生的工作環境，並根據崗位實際情況及有關規定，向乙方提供必要的勞動防護用品。

第十九條　甲方根據自身特點有計劃地對乙方進行職業道德、業務技術、勞動安全衛生及有關規章制度的教育和培訓，提高乙方職業道德水準和職業技能。乙方應認真參加甲方組織的各項必要的教育培訓。

八、規章制度的訂立和遵守

第二十條　甲方應依法建立和完善公司員工手冊等各項規章制度並將其告知乙方或者進行公示；甲方的各項規章制度變更後，應及時告知乙方。

第二十一條　乙方應遵守甲方依法制定的規章制度；嚴格遵守勞動安全衛生、操作規程、工作流程和工作規範；愛護甲方的財產，遵守職業道德。乙方違反規章制度的，甲方可依據相關規章制度進行處理，直至解除本合約。

九、工作合約的變更

第二十二條　甲、乙雙方經協商一致，可以變更工作合約的內容，並以書面形式確定。

十、工作合約的解除和終止

第二十三條　經甲、乙雙方當事人協商一致，本合約可以解除。

第二十四條　乙方解除本合約，應當提前三十日以書面形式通

知甲方或向甲方支付三十日工資，試用期內提前三日通知甲方。

乙方解除本合約，自通知之日起三十日內或向甲方支付三十日工資前，試用期自通知之日起三日內，乙方應當對甲方承擔本合約約定的義務。

第二十五條　乙方有下列情形之一的可以解除本合約，但應符合第二十四條的規定：

（一）未按規定提供勞動保護或必要的勞動條件；

（二）未及時足額支付勞動報酬；

（三）未依法為工作者繳納社會保險費；

（四）甲方規章制度違反法律、法規規定，損害工作者權益。

第二十六條　有下列情形之一的，乙方可以隨時通知甲方解除本合約：

（一）甲方以暴力、威脅或者非法限制人身自由的手段強迫勞動；

（二）甲方違章指揮、強令冒險作業危及工作者人身安全的。

第二十七條　乙方有下列情形之一的，甲方可以解除本合約，但是應當提前三十日以書面形式通知乙方或者向乙方支付三十日工資：

（一）乙方患病或者非因工負傷，醫療期滿後，不能從事原工作也不能從事由甲方另行安排的工作的；

（二）乙方不能勝任工作，經過培訓或者調整工作崗位仍不能勝任工作的；

（三）本合約訂立時所依據的客觀情況發生重大變化，致使本合約無法履行，經當事人協商不能就變更本合約達成協議的；

（四）法律、法規規定的其他情形。

甲方解除本合約，自通知之日起三十日內或向乙方支付三十日工資前，甲方應當對乙方承擔本合約約定的義務。

第二十八條　乙方有下列情形之一的，甲方可以隨時解除本合約：

（一）在試用期間被證明不符合錄用條件的；

（二）嚴重違反甲方紀律、規章制度的或對甲方佈置的工作任務造成嚴重影響，或經甲方提出，拒不改正的；

（三）嚴重失職，營私舞弊，對甲方利益造成重大損害的；

（四）乙方同時與其他用人單位建立勞動關係的；

（五）被依法追究刑事責任的；

（六）法律、法規規定的其他情形。

第二十九條　乙方有下列情形之一的，甲方不得依據第二十七條的約定解除本合約：

（一）在本單位患職業病或者因工負傷並被確認喪失或者部份喪失工作能力的；

（二）患病或者非因工負傷，在規定的醫療期內的；

（三）女職工在孕期、產期、哺乳期內的；

（四）在本單位連續工作滿十五年，且距法定退休年齡不足五年的；

（五）法律、法規規定的其他情形。

第三十條　有下列情形之一的，本合約終止：

（一）本合約期滿的；

（二）當事人約定的工作合約終止條件出現的；

(三)甲方破產、解散或者被撤銷的；

(四)乙方退休、退職、死亡的；

(五)法律、法規規定的其他情形。

第三十一條　乙方患職業病或者因工負傷，被確認為喪失或部份喪失勞動能力的，工作合約終止按照有關工傷保險的規定執行。

第三十二條　本合約期滿或者當事人約定的合約終止條件出現，乙方有下列情形之一的，同時不屬於本合約第二十八條第(二)項、第(三)項、第(五)項約定的，本合約期限順延至下列情形消失：

(一)患病或者負傷，在規定的醫療期內的；

(二)女職工在孕期、產期、哺乳期內的；

(三)在本企業連續工作滿十五年，且距法定退休年齡不足五年的；

(四)法律、法規、規章規定的其他情形。

十一、補償

第三十三條　所涉本合約的補償金按照相關規定執行。

十二、補充條款和特別約定

十三、違反合約的責任

第三十四條　甲方違反本合約約定的條件解除本合約或由於甲方原因訂立的無效工作合約，給乙方造成損害的，應按損失程度承擔賠償責任。

第三十五條　乙方違反本合約約定的條件解除工作合約，對甲方造成損失的，應按損失的程度承擔賠償責任。

第三十六條　乙方違反服務期約定的，應承擔違約金為

———————。

第三十七條　乙方違反保守商業秘密約定的，應承擔違約金為＿＿＿＿＿。

十四、工作合約變更

第三十八條　本合約經雙方協商一致方可作出變更。變更內容：

_____

_____

十五、其他

第三十九條　本合約有關內容與規定相悖的，按國家有關規定執行。

第四十條　本合約未盡事宜，甲、乙雙方可協商解決或按本市有關法律、法規規定的程序進行處理。

第四十一條　本合約一式兩份，在雙方認真閱讀並認同合約條款簽字(蓋章)後生效，甲、乙雙方各執一份。兩份合約具有同等法律效力。

甲方(蓋章)：　　　　　　　　乙方(簽章)：

委託代理人(簽章)：

　＿＿＿年＿＿月＿＿日　　　　　＿＿＿年＿＿月＿＿日

7 保密和競業禁止協定範例

本保密和競業禁止合約（下簡稱「合約」）由下列雙方於＿＿＿年＿＿＿月＿＿＿日簽訂：

＿＿＿＿＿＿＿＿＿＿＿＿公司（下簡稱「公司」）

註冊地址：＿＿＿＿＿＿＿＿＿＿＿＿＿＿＿

法定代表人：＿＿＿＿＿＿＿＿＿＿＿

和

＿＿＿＿＿＿＿＿＿＿＿＿＿＿＿＿＿＿＿（下簡稱「僱員」）

身份證號：＿＿＿＿＿＿＿＿　住址：＿＿＿＿＿＿＿＿

聯繫電話：＿＿＿＿＿＿＿＿　郵編：＿＿＿＿＿＿＿＿

鑑於：

1. 僱員承認，由於受聘於公司（包括但不限於接受公司可能不時向其提供的培訓）其可能充分接觸公司的保密信息（定義見下文）、並且熟悉公司的經營、業務和前景及與公司的客戶、供應商和其他與公司有業務關係的人有廣泛的往來；

2. 僱員承認，在其受聘於公司期間或之後的任何對保密信息的未經授權的披露、使用或處置或與公司競爭將給公司的業務帶來不利的影響，並給公司造成不可彌補的損害和損失；

3. 僱員願意根據本合約規定的條款和條件對保密信息保密並不與公司及其關聯公司相競爭。

因此，雙方經平等協商，達成合約內容如下：

第一條　定義

為本合約之目的，下列術語應具有下文規定的含義：

「保密信息」：指不論以何種形式傳播或保存的與公司或其關聯公司的產品、服務、經營、保密方法和知識、系統、工藝、程序、現有及潛在客戶名單和信息、手冊、培訓資料、計劃或預測、財務信息、專有知識、設計權、商業秘密、商機和與業務事宜有關的所有信息。

「競爭業務」：指公司或其關聯公司從事或計劃從事的業務以及與公司或其關聯公司所經營的業務相同、相近或相競爭的其他業務。

「競爭對手」：指除公司或其關聯公司外從事競爭業務的任何個人、公司、合夥、合資企業、獨資企業或其他實體。

「區域」：指公司或其關聯公司從事或計劃從事其各自業務的地理範圍。「期限」：指僱員受聘於公司的期限和該期限終止後年的時間。

「關聯公司」：指控制公司的、由公司控制的或與公司受到共同控制的任何其他法人。

第二條　保密

1. 僱員承諾對保密信息嚴格保密，並在其與公司的聘用關係終止時向公司返還所有保密信息及其載體和影本。

2. 僱員承諾，在期限內不以任何方式向公司或其關聯公司的任何其他與使用保密信息的工作無關的僱員、向任何競爭對手、向任何其他個人或實體披露任何保密信息的全部或部份內容，除非該披露是法律所要求的。在這種情況下，披露應在法律所明確要求的範

圍內進行。

第三條　競業禁止

1. 僱員承諾，在期限和區域內不直接或間接地以個人名義或以一個企業的所有者、許可人、被許可人、本人、代理人、僱員、獨立承包商、業主、合夥人、出租人、股東或董事或管理人員的身份或以其他任何名義：

(1)投資或從事公司業務之外的競爭業務，或成立從事競爭業務的組織；

(2)向競爭對手提供任何服務或披露任何保密信息。

2. 僱員承諾，在期限內不直接或間接地勸說、引誘、鼓勵或以其他方式促使公司或其關聯公司的：

(1)任何管理人員或僱員終止管理人員或僱員與公司或其關聯公司的聘用關係；

(2)任何客戶、供應商、被許可人、許可人或與公司或其關聯公司有實際或潛在業務關係的其他人或實體（包括任何潛在的客戶、供應商或被許可人等）終止或以其他方式改變與公司或其關聯公司的業務關係。

3. 僱員承諾，其未簽訂過且不會簽訂任何與本合約條款相衝突的書面或口頭合約。

第四條　對價

僱員在此確認，其將從公司不時取得的薪金和其他補償或利益構成其在本合約第二、三條中所作承諾的全部對價。

第五條　執行

雙方同意在法律允許的範圍內最大限度地執行本合約，本合約

任何部份的無效、非法或不可執行均不影響或削弱本合約其餘部份的有效、合法與可執行性。

第六條　公平承諾

雙方同意，本合約第二、三條中所作約定的範圍和性質是公平合理的，在此約定的時間、地理區域和範圍是為保護公司和其關聯公司充分使用其商譽開展經營所必需的。

第七條　違約救濟

僱員承認，其違反本合約將給公司和/或其關聯公司造成無法彌補的損害，並且通過任何訴訟獲得的金錢賠償都不足以充分補償該等損害。僱員同意，公司和/或其關聯公司有權通過臨時限制令、禁止令、對本合約條款的實際履行或其他救濟措施來防止對本合約的違反。但本條的規定不應被解釋為公司和/或其關聯公司放棄任何獲得損害賠償或其他救濟的權利。

第八條　合約的修改與轉讓

1. 本合約構成雙方就本合約題述事項所達成的完整的合約和共識。非經雙方書面同意，本合約不得被修改、補充或變更。

2. 僱員不得轉讓本合約或由本合約產生的任何義務或權益。

第九條　法律適用與爭議解決

1. 雙方應努力通過友好協商解決由本合約產生的或與本合約有關的所有爭議。

如協商未果，該等爭議應被提交貿易仲裁委員會根據其規則和程序仲裁解決。仲裁過程中，雙方應盡可能地繼續履行本合約除爭議事項外的其餘部份。

第十條　文本

　　本合約一式兩份，合約雙方各執一份，具有同等效力。雙方在此於文首載明之日鄭重簽署本合約，以昭信守。

＿＿＿＿＿＿有限公司(公章)　　　僱員：＿＿＿＿＿＿＿＿＿＿

授權代表：＿＿＿＿＿＿＿　　　身份證號碼：＿＿＿＿＿＿＿

簽訂日期：＿＿＿＿＿＿＿　　　簽訂日期：＿＿＿＿＿＿＿

心得欄 ＿＿＿＿＿＿＿＿＿＿＿＿＿＿＿＿＿＿＿＿＿＿＿

第 二 章

聘僱員工的技巧

1 試用期不是「白用期」

　　試用期是企業在招聘員工之後，通過實際工作考核員工的階段。在試用期內企業應全方位地對員工加以考核，以確保員工確實是符合崗位要求的。而一旦企業發現員工不能達到自己的要求時，可在試用期內與員工解除工作關係。而且，與正式的工作關係中解除工作合約相比，試用期內的解除條件要稍低。但試用期內的解除也並非是企業隨隨便便就可以讓員工走人的，必須做到程序和內容的合法，企業應合理依法操作。試用期並不是「白用期」，並不是企業可以隨便操縱的。而且必須要明確一點，試用期是在工作合約的期限之內的，先試用後簽訂工作合約，先試用後錄用屬故意違法行為。

　　什麼情況下需要規定試用期？試用期的使用是有條件的。這要

考慮以下幾個方面：

(1)工作合約和試用期的關係

工作合約期限三個月以上不滿一年的，試用期不得超過一個月；工作合約期限一年以上不滿三年的，試用期不得超過兩個月；三年以上固定期限和無固定期限的工作合約，試用期不得超過六個月。同一用人單位與同一工作者只能約定一次試用期。

(2)簽訂合約的對象

試用期應包括在工作合約期限內，一般對初次就業或再次就業者約定。在原固定工轉制過程中，雙方簽訂工作合約時，可以不再約定試用期。企業與合約制職工續訂工作合約時，職工改變工種的，應重新約定試用期；不改變工種的，不再規定試用期。重新就業的工作合約制工人，仍從事原工種的，不再規定試用期；改變工種的，應約定試用期。

(3)不得約定試用期的情況

針對一些用人單位借完成一定工作任務為期限規避法律不簽工作合約的情況和一些用人單位短期使用工作者不簽訂工作合約的做法，明確規定：以完成一定工作任務為期限的工作合約或者工作合約期限不滿三個月的，不得約定試用期。另外，非全日制用工也不得約定試用期。

1.員工在試用期的權利

(1)試用期的最低工資權利

在試用期中，企業不得隨意壓低工作者的工資。針對用人單位在試用期期間任意壓低工作者工資甚至不支付工資的現象，工作者在試用期的工資不得低於本單位相同崗位最低檔工資或者工作合

約約定工資的 80%，並不得低於用人單位所在地的最低工資標準。

(2)用人單位違法約定試用期要求賠償的權利

用人單位違反本法規定與工作者約定試用期的，由工作行政部門責令改正；違法約定試用期已經履行的，由用人單位以工作者試用期滿月工資為標準，按已經履行的超過法定試用期的期間向工作者支付賠償金。

(3)試用期的社會保險權

在試用期內，用人單位必須為工作者上繳社會保險。

(4)試用期內解除工作合約的權利

試用期內工作者可以解除工作合約，但是須提前三日通知用人單位。

通過對員工在試用期權利的分析，我們可以看到試用期不再是「白幹期」，用人單位不能再利用試用期來「欺詐」工作者，而是要在尊重員工權利的基礎上合理使用企業在試用期的權利。

2.企業在試用期的權利

企業在試用期間可以解除工作合約，而且不用支付賠償金。這就是用人單位在試用期中合理用工權的體現。

但是在運用這個權利的時候要注意以下幾個方面：

(1)解除合約的時間必須在試用期內

這個我們從案例中已經看到了，法律賦予用人單位解除工作合約的權利的履行必須是在試用期內，用人單位一定要注意這一點。否則，即使你能拿出工作者不符合錄用條件的事實證據也是沒有用的。

(2)用人單位應當明示對員工的錄用條件

錄用條件是試用期解除工作關係的依據。錄用條件評估是對新進人員在試用期的表現進行的評估,企業通過試用期評估確定人員是否符合企業錄用條件,對不符合錄用條件的可以解除工作關係。

在試用期中,除非工作者在試用期被證明不符合錄用條件、嚴重違反用人單位規章制度、嚴重失職給用人單位造成嚴重影響等情況,用人單位不得隨意解除工作合約。用人單位在試用期解除工作合約的,應當向工作者說明情況。

錄用條件由用人單位自行確定的,錄用條件無須經過協商,用人單位可以自行確定,可充分體現用人單位的招聘要求。在實踐中,還存在著招工條件,它與錄用條件是不同的概念。招工條件是用人單位在招聘時選擇工作者基本的資格要求,錄用條件是用人單位確定所要聘用的工作者的最終條件;招工條件可以相對簡單,以吸引更多的求職者到企業面試。而錄用條件應儘量嚴密、完善,並主要注重對能力的考核要求,要更具可操作性。招工條件不應替代錄用條件。但在只有招工條件而沒有明文錄用條件時,執法機關會將招工條件視為錄用條件。

業績計劃目標是企業對員工的長期考核指標,也可以是錄用條件的一部份。業績計劃目標的內容應當將短期目標、中期目標與長期目標相結合,業績評估應當與業績計劃目標相吻合。業績計劃目標作為用人單位制訂的文件應當清楚明確,避免模糊歧義,否則業績評估難以有效操作,一旦發生爭議,通常按有利於工作者的原則進行解釋。

在試用期內,工作者不符合錄用條件的可以解除工作關係。那

麼，在正式的工作關係期間，如果工作者不能達到企業的要求是否也能解除工作關係呢？當然也是可以解除的，但是所依據的法律規定有所不同。在正式的工作關係中應依據規定的「不能勝任工作」來解除工作關係，與試用期內「不符合錄用條件」的解除工作合約是完全不一樣的。

(3)試用期中的培訓問題

根據規定：用人單位對工作者提供出資技術培訓的，工作者在試用期內依法解除工作合約的，用人單位不得要求工作者支付培訓費用。因此，用人單位應慎重決定試用期內是否提供專項費用培訓，為避免風險，提供專項培訓前可提前終止試用。

(4)用人單位如何舉證員工在試用期不符合錄用條件

如果用人單位在試用期內，要以「工作者不符合錄用條件」為由單方解除工作合約，依然需要自己舉證證明這一點。如果用人單位以此為由單方解除工作合約，卻不能舉證證明工作者不符合錄用條件，就要承擔相應的法律責任。

為此，需要企業在試用期間準備好以下文件：

‧崗位說明書及試用期工作任務書。

‧正式錄用選拔標準，也就是錄用條件。

‧試用期申明。這個用來表明試用期設置的合法性。

‧試用情況登記表。這個用於記錄試用期間的表現，其內容包括試用考核結果。

2 如何在試用期合法解除工作合約

　　企業設定錄用條件是為了確保招聘的員工可以滿足企業的需要，並且保證一旦發現員工不符合錄用條件，企業可以合法、順利地與其及時解除合約。為達成這一初衷，企業不僅要重視「錄用條件」，更重要的是應當與試用期配合使用。

（案例）

　　某機械修理公司欲招聘三名車工，具體錄用條件為：

① 男性，35 歲以下；

② 有本市城鎮戶口；

③ 具備三級車工的技術水準；

④ 身體健康；

⑤ 無刑事犯罪記錄。

　　小張(7 年車工經驗)和小劉(2 年車工經驗)均剛被一家企業裁員出來，看到招聘廣告便去應聘，並順利通過面試，於 2006年 2 月 12 日均與該公司簽訂了工作合約，約定合約期限三年，崗位是車工。不同的是企業看到小張有 7 年的同行業工作經驗，面試表現出色，就未與其約定試用期；而與小劉約定了三個月的試用期。

　　兩人幹活非常認真、仔細，只是由於當初他們從事的工作技術含量較低，面對新的環境及新的工作要求均感到有點力不

從心。兩個月過後，工廠主任對二人的技術水準開始感到不滿。5月11日，就在小劉試用期的最後一天，工廠主任召集小張和小劉進行三級工考核。方式是根據專門考三級車工用的圖紙，加工出合格的零件；同時挑選了幾名工程師、技師和檢驗員組成了公司技術考核組。5月12日，技術考核組對兩人加工的零件進行了考評，認為均不合格，兩人技術水準都不夠三級。5月13日，公司做出決定：由於小張、小劉不具備三級車工的技術水準，不符合公司的錄用條件，從而與之解除工作合約。二人對此不服，向爭議仲裁委員會提起申訴，要求恢復關係。

　　仲裁結果：仲裁委員會支持了小張和小劉的訴請，裁定恢復兩人與公司的工作關係。

（說明）

　　小張和小劉雖均獲得了仲裁支援，但情況有所不同，需要分別討論。

　　焦點一：企業雖對招聘崗位設定了錄用條件，但沒有與所錄用員工約定試用期，後來發現員工不符合錄用條件時能否解聘該員工？

　　答案是否定的。雖然紡織機械修理公司明確地知道自己需要怎樣的員工，並且將這種想法貫徹在了具體的錄用條件裏，但錯誤地解讀了法律授權企業解除不符合錄用條件員工的立法本意。用人單位可以解除的工作合約有兩種：

　　（一）在試用期間被證明不符合錄用條件的……本條規定首先傳遞給企業的信息就是該條款明確的適用時間——試用期。因而，

企業雖然落實了「錄用條件」要素，但忽略了適用的時間前提——沒有與小張約定試用期，相當於自己放棄了使用該項條款的權利，最終設計得再週詳的「錄用條件」都只能成為無用的擺設。

焦點二：企業對試用期員工的考核以及因員工不符合錄用條件而對其所作的解聘決定，是否可以放在試用期滿後？

答案仍然是否定的。紡織機械修理公司與小劉約定了三個月的試用期，並且設定了錄用條件，分別滿足了企業以「員工不符合錄用條件為由解除工作合約」的時間前提和法律依據，如果企業在事實依據和解除時間方面同樣依法行事，順利解除不符合錄用條件的員工基本不成問題。

但本案例中，企業偏偏在這兩個問題上出了偏差——沒有在適當的時間內將「員工不符合錄用條件」的事實固定為法律事實；沒有在法律允許的時間內做出解除工作合約的決定。

明確規定：「對試用期內不符合錄用條件的工作者，企業可以解除工作合約；若超過試用期，則企業不能以試用期內不符合錄用條件為由解除工作合約。」

而本案中，公司儘管是在試用期內進行的考核，但通過考核證明小劉不符合錄用條件（技術水準不夠三級）的結論，卻是在試用期滿後才得出的。這說明證明小劉不符合錄用條件的結論，不是在試用期間，而是在試用期後得出的。因此，無論是從不符合錄用條件的證明時間，還是從公司做出解除工作合約決定的時間，公司都喪失了工作合約解除權，更不能以不符合錄用條件為由，來解除小劉的工作合約。

第一，規定的試用期制度，是以工作合約雙方在合約中有明確

約定為前提的。若工作合約中對此沒有約定，就不能適用試用期制度。更不能以試用期內不符合錄用條件為由解除工作合約；

第二，對試用期員工是否符合錄用條件的考核應放在試用期滿前完成；

第三，對試用期內不符合錄用條件的工作者，企業應當在試用期內作出解除工作合約的決定。

3 企業的員工錄用制度

此類員工錄用管理制度雖然名為錄用管理，其本質是招聘及錄用制度，不僅規定了招聘的環節以及員工錄用的環節，同時也規定了在錄用階段的相關制度。企業可以根據自己的情況制定單獨的員工錄用制度或員工招聘錄用管理制度。

第一條　本公司各單位經內部人員調整不能滿足經營管理和業務發展對人力的需求時，採取公開招聘的方式引進人才。為此，特制定本制度。

第二條　確定用人單位崗位編制的原則：

1. 符合公司及本單位長遠發展規劃、經營戰備目標和為此需實現的利潤計劃的需要；

2. 符合目前或近期業務的需要；

3. 需做好工作力成本的投入產出評估；

4. 有助於提高辦公效率和促進業務開展，避免人浮於事；

5. 適應用人單位的管理能力和管理幅度。

第三條　公司聘用人員均首先要求具有良好的品德和個人修養，在此基礎上選擇具有優秀管理能力和專業技術才能的人員。各崗位人員要力爭符合德才兼備的標準。有下列情況之一或多條者，不得成為本公司員工：

1. 剝奪權力尚未恢復；

2. 被判刑或被通緝，尚未結案；

3. 參加非法組織；

4. 品行惡劣，曾受到開除處分；

5. 吸食毒品；

6. 拖欠公款，有記錄在案；

7. 經醫院體檢，本公司認為不合格；

8. 年齡未滿 18 週歲。

第四條　公司各部門或下屬全資公司如確有用人需要，應在符合第二條的前提下，填報《固定從業人員需求申請表》，交人力資源部核准，由人力資源部報總經理審批。總經理批准後，人力資源部制訂招聘方案並組織實施。

第五條　人力資源部會同用人單位共同對應聘人員進行篩選、考核（總經理將視情況決定是否親自參加），填寫考核記錄和錄用意見，報經總經理審批後辦理錄用手續。具體過程如下：

（一）人力資源部會同用人單位進行招聘準備工作：

1. 確定招聘的崗位、人數、要求（包括性別、年齡範圍、學歷和工作經驗等）；

2. 擬定日程安排；

3. 編制筆試問卷和面試綱要；

4. 成立主試小組；

5. 整理考試場地；

6. 需要準備的其他事項。

(二)實施步驟：

1. 人力資源部通過刊播廣告、加入人才供求網路等形式發佈招聘信息，收集應聘者材料；

2. 人力資源部匯總、整理材料，會同用人單位根據要求進行初次篩選，向中選人員發筆試通知；

3. 人力資源部組織應聘者參加筆試，會同用人單位根據筆試結果進行二次篩選，向中選人員發初次面試通知；

4. 人力資源部會同用人單位組織應聘者參加初次面試，根據結果進行三次篩選，向中選人員發二次面試通知；

5. 人力資源部會同用人單位組織應聘者參加二次面試，根據結果確定錄用名單，向中選人員發錄取通知，向落選人員發辭謝通知。

第六條　所有應聘人員除董事長特批可免予試用或縮短試用期外，一般都必須經過 3～6 個月的試用期後才可考慮是否聘為正式員工。

第七條　試用人員必須呈交下述材料：

1. 由公司統一發給並填寫的招聘表格；

2. 學歷、職稱證明；

3. 個人簡歷；

4. 近期相片 2 張；

5. 身份證影本；

6. 體檢表；

7. 結婚證、計劃生育證或未婚證明；

8. 面試或筆試記錄。

第八條　新錄用人員向公司人力資源部報到後，由人力資源部組織統一體檢，體檢合格者參加人力資源部主持的崗前培訓。培訓內容包括：

1. 講解公司的歷史、現狀、經營範圍、特色和奮鬥目標；

2. 講解公司的組織機構設置，介紹各部門人員；

3. 講解各項辦公流程，組織學習各項規章制度；

4. 講解公司對員工道德、情操和禮儀的要求；

5. 介紹工作環境和工作條件，輔導使用辦公設備；

6. 解答疑問；

7. 組織撰寫心得體會及工作意向。

第九條　新錄用人員培訓完畢，與公司簽訂《公司試用協定》，持該協定向工作單位報到，由部門經理負責安排具體工作，人力資源部同時向財務部發《試用人員上崗通知書》。

第十條　試用人員一般不宜擔任具有重要責任的工作。

第十一條　試用人員在試用期內待遇規定如下：

(一)基本工資待遇：

1. 高中以下畢業：一等；

2. 中專畢業：二等；

3. 大專畢業：三等；

4. 本科畢業：四等；

5. 碩士研究生畢業(含獲初級技術職稱者)：五等；

6. 博士研究生畢業（含獲中級技術職稱者）：六等。

（二）試用人員享受一半浮動工資和勞保用品待遇。

第十二條　試用人員經試用考核合格後，可轉為正式員工，並根據其工作能力和崗位重新確定職等，享受正式員工的各種待遇；員工轉正後，試用期計入工齡，對於不予聘用者說明原因並不發任何補償費。

第十三條　對試用合格並願意繼續在公司工作的員工，部門經理組織提交《試用期工作總結》及轉正申請並簽署意見，交人力資源部，人力資源部經理簽署意見後交總經理審批；轉正申請得到批准的員工與公司簽訂《聘用合約》，由人力資源部同時向財務部發送《員工聘用通知書》。

第十四條　總公司和各下屬企業的各類人員的正式聘用合約和短期聘用合約以及擔保書等全部材料匯總保存於總公司人事監察部和勞資部，由上述兩個單位負責監督聘用合約和擔保書的執行。

第十五條　本制度適用於公司本部及下屬全資公司。

第十六條　本制度由公司人力資源部負責解釋。

第十七條　本制度自××年×月×日起實施。

以上制度僅供參考，人力資源部必須注意的是要保證企業內部的這些制度是合法合規的，這樣才能在今後發生爭議時很好的保護企業的利益。

表 2-3-1　試用協議書

試用協議書

用人單位(甲方)：　　　　　　　　　地址：

職工(乙方)：　　　　　　　　　　　身份證號碼：

甲方因工作需要，同意招用乙方到甲方試用工作，根據有關規定，經雙方自願協商同意訂立本協定。

一、試用期合約期限

試用期為＿＿＿＿＿個月，試用合格者，經公司總經理同意，甲方與乙方簽訂工作合約(正式工作合約期限為＿＿＿＿月)，聘為正式員工，確立工作關係，明確雙方權利及義務。

乙方報到當日應提供區(縣)級醫院出示的體檢證明。

二、試用期工作任務

乙方同意服從甲方的工作需要，在＿＿＿＿＿崗位，承擔＿＿＿＿＿工作任務。具體的工作任務如下：

(1) ＿＿＿＿＿＿＿＿＿＿＿＿＿＿＿＿＿＿＿＿＿＿＿＿＿＿＿＿

(2) ＿＿＿＿＿＿＿＿＿＿＿＿＿＿＿＿＿＿＿＿＿＿＿＿＿＿＿＿

(3) ＿＿＿＿＿＿＿＿＿＿＿＿＿＿＿＿＿＿＿＿＿＿＿＿＿＿＿＿

三、試用期紀律

乙方應自覺遵守國家和省規定的有關法律法規和甲方的各項規章制度，服從管理，積極做好工作。甲方有權對乙方履行制度的情況進行檢查、督促、考核和獎懲。

四、試用期時間與報酬

1. 甲方實行每日不超過 8 小時，每週工作不超過 40 小時的工時制度，並保

證每週至少休息一天。甲方可根據工作崗位、性質對工作時間作適當調整。

2. 在試用期內，乙方工資為＿＿＿元/月，試用期滿根據乙方崗位另定。

3. 在試用期內，乙方不能享受甲方的各類福利待遇。

五、有下列情形之一的，甲方可以隨時解除協議

1. 乙方試用期不符合錄用條件的。

具體錄用條件為：

(1) ＿＿＿＿＿＿＿＿＿＿＿＿＿＿＿＿＿＿＿＿＿＿＿＿＿＿

(2) ＿＿＿＿＿＿＿＿＿＿＿＿＿＿＿＿＿＿＿＿＿＿＿＿＿＿

(3) ＿＿＿＿＿＿＿＿＿＿＿＿＿＿＿＿＿＿＿＿＿＿＿＿＿＿

2. 乙方被判刑，以及有貪污、盜竊、賭博、打架鬥毆、營私舞弊等嚴重問題，或因失職給單位造成重大損失和屢次違反紀律教育不改的。

3. 乙方提供虛假資料、證明，以騙取公司信任的。

六、保守商業秘密，維護公司利益

公司的資源是公司的寶貴財產，任何人不得將公司的資源佔為己有，未經許可，不得將公司的資源無償或有償地向他方提供。

乙方在試用期間開發的軟體也屬於公司財產，若乙方離職，需將軟體的有關資料交回公司，包括軟體結構、流程圖、數據字典及原代碼使用說明等。

七、協議解除

依照《工作合約法》的相關規定。

八、本協議一式兩份，甲、乙雙方各保留一份。

甲方：（蓋章）　　　　　　　　　　乙方：（簽名）

法人代表：（簽名）

　　年　　月　　日　　　　　　　　年　　月　　日

表 2-3-2 新員工試用登記表

姓名		所屬部門		職位		報到時間	
年齡		畢業學校		專業		學歷	
甄選方式	□公開招聘　　　□推薦遴選　　　□內部提升						
工作經驗	相關_____年，非相關_____年，共_____年						
試用計劃							

1. 試用職位：

2. 試用期限：

3. 督導人員：

4. 督導人員工作：□觀察　　　□訓練

5. 擬安排工作：

6. 訓練項目：

7. 試用薪資：

核准：　　　　　　　　擬訂：

試用結果考察：

1. 試用期間：自____年___月___日到____年___月___日

2. 安排工作及訓練項目：

3. 工作情形：□滿意　　　□尚可　　　□差

4. 出勤情況：返退_____次，病假_____次，事假_____次

5. 評語：□擬正式任用　　　□擬予辭退

6. 正式薪資擬核：

人事經辦：　　　　　　核准：　　　　　　考核：

表 2-3-3　新員工滿月跟進記錄表

姓名：　　　　　　　　　　　入司日期： 直接經理：　　　　　　　　　跟進評估日期： 負責人：	

員工意見	工作： 直接經理： 公司管理： 　　　　　　　　　　　　　　　　簽字：
改進計劃	員工下一步為改進工作而做的計劃：
直接經理評價	工作能力： 工作態度： 發展潛力： 能否提前轉正： 　　　　　　　　　　　　　　　　簽字：

表 2-3-4　員工轉正考核及審批表

部門		職位		入職時間	
姓名		性別		職稱	
學歷		專業		現薪金	
自我評估					
考 核 內 容	1. 道德與心理素質：優□　　　良□　　　一般□　　　差□				
	2. 敬業與誠信精神：優□　　　良□　　　一般□　　　差□				
	3. 業務與專業水準：優□　　　良□　　　一般□　　　差□				
	4. 與同事的合作表現：優□　　　良□　　　一般□　　　差□				
	5. 出勤情況：優□　　　良□　　　一般□　　　差□				
	6. 遵守公司的各項規章制度：優□　　　良□　　　一般□　　　差□				
	7. 工作創造性：優□　　　良□　　　一般□　　　差□				
	8. 工作效率與業績：優□　　　良□　　　一般□　　　差□				
	9. 團隊精神：優□　　　良□　　　一般□　　　差□				
	10.具有挑戰更高的目標的態度：優□　　　良□　　　一般□　　　差□				
綜合考核 意見	優□　　　良□　　　一般□　　　差□ 　　　　　　　　　　　　考核人：				
建議	轉正□　　　繼續試用□　　　辭退□				
	轉正職務			轉正薪水	
部門經理 意見					
人力資源部 經理意見					
主管部門 總經理意見					
總經理意見					

表 2-3-5　新員工試用結果通知單

姓名		性別		年齡		籍貫		學歷		職稱	
職別					薪酬		等			級	
試用期										元	

試用結果	考核意見	1. 試用滿意請照原工資辦理任用手續（＿＿月＿＿日起） 2. 試用成績優良請以＿＿等＿＿級＿＿元工資辦理手續（＿＿月＿＿日起） 3. 需再試用 4. 試用不合適另行安排 5. 附呈心得報告一份	試用考核人簽章	
	主管意見	1. 同意考核人意見 2. 擬不予任用 3. 延長試用＿＿＿日再另行簽核	試用單位主管簽章	
領導批示	人力資源部意見	1. 擬照試用單位意見自＿＿月＿＿日起以＿＿等＿＿級工資＿＿＿元正式任用 2. 試用不合格除發給試用期間的工資外擬自＿＿月＿＿日起辭退 3. 其他：		

4 企業招聘不能設歧視條件

很多企業在招聘操作中，都將體檢流程置於確定錄用人員之後進行。一般公司會在幾輪面試後，通知應聘人員面試合格，要求其於指定的日期到公司辦理入職手續，而入職手續中有一項就是體檢。在這種操作過程中，很可能會形成應聘人員已經到職工作，甚至已簽訂了工作合約後，體檢結果剛剛出來的情形。如果此時公司才發覺該人員的身體狀況不太適合目前的工作崗位，則很難根據其體檢結果做出處理，公司將處於比較被動的地位。

（案例）

2007 年 1 月 18 日，李先生向電話有限公司投遞了應聘測試技術員崗位的簡歷。之後，李先生順利透過筆試和麵試。該公司人力資源部通知被錄用，和他談了薪水等待遇，並要求他到指定的醫院參加入職體檢，如果體檢合格他就可以到公司上班了。

1 月 27 日，他到醫院進行入職前的體檢。

他以為像這樣的大公司不會有乙肝歧視，在體檢結果還沒出來時就主動告訴人力資源部負責人自己是乙肝病毒攜帶者。該負責人稱，情況不太嚴重不會影響錄取。

1 月 30 日他又一次到醫院進行體檢，檢查結果顯示其病毒不具有傳染性。

　　但是，該公司依然拒絕了李先生。他因此將電話有限公司告上了法庭。

　　在審理過程中，該公司的代理人稱，拒錄理由是李先生「色盲」，而非李先生攜帶乙肝病毒。為證明自己被拒絕錄用是由於企業「歧視乙肝病毒攜帶者」，原告出具了自己與應聘公司人力資源部工作人員對話的錄音。根據錄音材料內容顯示，企業在回絕原告時，提到他「攜帶乙肝病毒」的體檢結果，而該公司的代理人則直接推翻錄音材料的證明效力，堅稱其公司並不存在錄音資料中回答提問的工作人員。

（說明）

　　本案是典型的就業歧視案件，涉及的更是目前關注率較高的「乙肝病毒攜帶者就業問題」。

　　為了促進正常就業環境，給特殊人群合理的保護，法律明文禁止了對「乙肝病毒攜帶者」的就業歧視，更明確規定企業不得將此項內容作為體檢的項目。

　　這個案件的發生，從側面反映出了企業內部管理上的嚴重不足。對待員工體檢，要謹慎處理。

　　第一，要注意體檢的內容。

　　公司在設定體檢項目時，主要還是要依據應聘崗位的要求，但體檢項目絕不是沒有任何限制的，乙肝病毒攜帶是一項最直接的禁止內容。那麼這個內容如何合法確定？

　　例如一些勞力度密集的崗位，對工作人員的疲勞承受度的要求就比較高，那麼像患有高血壓、心臟病等的人員，肯定是不適合的，

所以公司就要在體檢內容中加入這些項目。對於一些與工作任務無關的體檢項目，公司就應當儘量避免，把歧視問題的法律風險降到最低。

　　第二，要注意體檢的程序。

　　建議公司在設置體檢程序時，將其作為招聘面試的最後一道程序。即應聘人員在透過前幾道應聘面試後，公司繼續篩選出小范圍的人員，要求其進行體檢。並同時告知體檢是本次招聘工作的最後一個環節，公司會在體檢結果出來後，綜合考慮其整體素質和技能及表現，再做最後的確定。

　　此操作中一定要注意體檢的通知方式，絕不能涉及任何面試結果的內容，僅僅是告知其參加體檢的具體事宜。同時公司也要和定點醫院進行溝通，要求醫院將應聘人員的體檢結果及時回饋給公司。

5　偽造假文憑，工作合約如何處理

　　就本案而言，涉及的問題是偽造文憑入職公司，工作合約如何處理。以偽造的文憑應聘成功，單位到底能不能單方解除合約呢？這個情況應當區分情況而定。

（案例）

　　現年三十多歲的男青年小馬一直為自己學歷過低找不到好

工作而煩惱。在多次求職碰壁後，他花錢購買了偽造的某大學畢業證書，並拿著假文憑四處求職。XXXX 年 4 月，憑著大學本科的學歷，他被某生物科技公司錄用。兩年後，他又從該公司調入某著名保健品公司擔任培訓主管職務，雙方訂立了為期一年的工作合約，約定小馬的月薪資為 2 萬元，公司還支付了7000 元送他去參加行銷培訓。

工作了一段時間後，保健品公司發現小馬的工作能力欠缺，遂對他的大學本科學歷產生了疑問，經與某大學核實後才知道，小馬的本科畢業文憑是偽造的。公司遂與小馬解除合約。小馬也向公司承認其應聘生物科技公司時使用了虛假的畢業證書。

豈料，小馬在離開公司一個多月後，便向爭議仲裁委員會申請仲裁，提出自己使用虛假的學歷證明應聘的是生物科技公司而非保健品公司。現保健品公司在自己患膽結石住院期間單方解除工作合約，故請求保健品公司支付加班薪資、補償金及額外補償金、替代通知期薪資等合計 2 萬餘元，並支付停工醫療期薪資。

保健品公司則認為，培訓主管的職位要求是應聘者具有大學本科以上的學歷，小馬持某大學經濟管理專業本科畢業證書應聘，才被公司錄用。小馬以虛假學歷騙取該職位，獲取了本科畢業標準的薪資及培訓資格。事實上造成了公司的損失，故應當駁回小馬的上述請求。

仲裁委員會做出裁決後，駁回了小馬的請求。

（說明）

　　如果企業規章制度和入職流程比較完善，規定了以偽造的文憑欺騙公司視為嚴重違紀，同時在新員工入職信息登記表上也有類似規定，且單位對新員工入職提交的相關材料保留較好，那麼，就可以依照單位的規章制度單方解除工作合約，辭退該員工。

　　如果企業規章制度沒有規定，也沒有入職信息登記表，那麼單位就不能隨便辭退該員工。這種情況下，如果該員工雖提交了虛假文憑，但是能力完全符合企業需求，那麼原則上也不應該辭退該員工；如果該員工確實能力也不行，那麼單位應當主張工作合約無效。

　　工作者和用人單位都享有知情權，也同時都負有告知義務。那麼，違反本條規定，不履行告知義務，就構成了違法行為。若是提供虛假的證明文件或告知虛假的信息，除了違反本條的規定，同時還構成了欺詐。守法的一方就有權單方解除工作合約。就本案來說，若企業因員工提交的假文憑而錄用了該員工，企業就可以直接依法單方解除工作合約。

6 　員工持假文憑簽訂合約，合約無效

（案例）

　　某單位招聘總監，要求 MBA 畢業，5 年以上工作經驗。陳先生持某名牌大學 MBA 證書應聘為財務總監，雙方簽訂了為期 3 年的合約。工作半年後，公司發現陳先生雖然工作上沒有

出現大的差錯，但工作能力一般，於是公司對陳先生進行了調查。經過調查得知，陳先生僅是某普通大學經濟專業畢業，並沒有取得 MBA 證書，陳先生應聘時提供的 MBA 證書是假的。於是公司據此與陳先生解除了工作合約。

陳先生認為，雖然自己提供的文憑是假的，但在工作的半年時間內，自己能夠勝任工作崗位，因此公司無權與其解除工作合約。陳先生為此提起勞動仲裁，勞動爭議仲裁委員會經過審理後認為，陳先生提供虛假的文憑，採取欺詐的手段與公司簽訂工作合約，公司有權與其解除工作合約，因此勞動爭議仲裁委員會駁回了陳先生的仲裁申請。

（說明）

用人單位與個人之間進行雙向選擇時，應當遵守相關法律、法規，應當據實向對方介紹各自的基本情況和要求，並提供必要的證明檔或者其他相關材料。陳先生在應聘時，採用偽造的文憑，使公司認為其受過相應的專業教育，並與其訂立了工作合約。顯然，這一工作合約的簽訂是陳先生偽造文憑，導致公司陷入錯誤認識的結果。根據「採用欺詐、脅迫等手段訂立的工作合約無效」的法律規定，公司與陳先生訂立的工作合約無效。無效的工作合約從訂立時就沒有法律約束力，因此，公司以「工作合約」無效為由解僱陳先生是可以的。

那麼，陳先生有權索要補償金嗎？答案也是否定的。因為依照規定，是針對有效合約而言的，公司與陳先生簽訂的工作合約是無效合約，所以談不上「解除合約」，當然也就不存在給予補償金的

問題。

　　用人單位要防止工作者採取欺詐的手段簽訂工作合約，為防止這一情況的發生，用人單位要做到以下幾點：

　　1. 面試登記表的填寫。

　　很多企業在面試的時候，並沒有讓應聘者填寫面試登記表，而只是根據應聘者的簡歷隨機地進行提問，沒有意識到面試登記表的作用，認為既然已經有了應聘者的簡歷，就不需要再填寫面試登記表了。

　　面試登記表與簡歷不同，它的主要作用在於：

　　(1)可以提供更多企業想瞭解的資訊

　　面試登記表和簡歷不一樣，簡歷是應聘者個人製作的簡歷，應聘者往往在簡歷中只寫自己輝煌優秀的一面，而對於自己不利的一面往往避而不談，通過簡歷不能全面地考察一個人。而面試登記表是用人單位根據自己單位的實際情況制定的，是用人單位提問應聘者有關資訊的最直接的管道，用人單位可以把自己想瞭解的資訊進行提問。而且用人單位應該根據每個崗位的不同而設計不同的面試登記表。對於用人單位提問的資訊，應聘者無法回避，必須如實回答，否則將構成欺詐，有可能導致合約無效。

　　(2)是以後解決糾紛的依據

　　由於面試登記表是應聘者親自填寫的，如果由於填寫資訊不真實，應聘者需要承擔相應的法律責任，是用人單位維護自己合法權益的重要依據。

　　2. 簡歷的確認及保存。

　　很多用人單位並不重視對應聘者簡歷的確認問題，用人單位在

收到簡歷後，如果對該應聘者感興趣，就直接通知面試，面試通過後，就直接簽訂工作合約。而對於最重要的簡歷，卻沒有進行保存，即使進行了保存，由於沒有讓應聘者進行確認，一旦產生糾紛，員工可能會否認。

由於簡歷幾乎記載著應聘所有的學習經歷、工作經歷、獲獎經歷等，我們建議應當將工作者的簡歷作為員工的檔案資料保存起來，如果由於員工提供了虛假的簡歷，企業也有據可依。

關於簡歷的確認方式，最好是讓工作者直接在簡歷上簽字確認，承諾所提供簡歷資料真實可靠，如有虛假，願意承擔一切責任。

3.在工作合約中做出約定。

在工作合約中對工作者的基本資訊進行填寫，並對工作者欺詐行為的後果做出規定。

7　試用期間內，要注意的問題

Ａ：用人單位以「試用期內不符合錄用條件」為由辭退員工時，需要注意如下問題：

⑴單位有針對該員工的明確的錄用條件；

⑵單位曾向該員工公示過該錄用條件；

⑶單位有相應的考核制度，並在試用期內對該員工進行了考核；

⑷該員工的考核結果不符合單位的錄用條件；

⑸辭退決定必須是在試用期內做出的。

B：可以收服裝費嗎？

用人單位要求員工統一著裝，可以向員工收取服裝費嗎？

若該服裝屬於工作保護所必需的，那麼，根據中國大陸的的規定：「用人單位必須為工作者提供符合規定的安全衛生條件和必要的防護用品。」

用人單位肯定不能向員工收取服裝費。若該服裝屬於非工作保護所必需的，根據本條款的規定，用人單位在未經工作者同意的情況下，也是不能收取服裝費的，這已經屬於「以其他名義向工作者收取財物」的行為了，是違法行為。

C：可以找保證人嗎？

用人單位能否要求工作者找個保證人，保證該工作者不會出問題呢？

在臺灣，可以要求相關的職位人選務色保證人。但此作法，在大陸恐有問題。

根據中國規定，擔保包括保證、抵押、質押、留置和定金五種形式，可見，找保證人進行保證也是擔保的一種，已經違反了本條款的規定，是違法行為。

對公司而言，要員工繳納「保證金」、找「保證人」，大中國大陸是違法的，必須另尋它法。

新員工試用及轉正式流程

圖 2-8-1　新員工試用及轉正流程圖

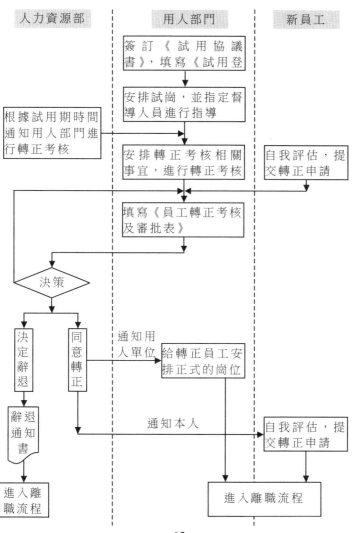

在解除試用期的工作合約前,必須進行規範的試用期考核,並向員工說明為什麼該員工不符合公司的錄用條件,而且試用期考核應當針對所應聘的崗位展開。由於企業缺乏對整個員工試用和錄用過程的規範管理。造成管理的隨意性,因此也就造成了員工的抱怨。

1.試用流程

⑴新進員工一般都可以依法設置試用期。試用期要遵守法律法規,同時企業也可以在上述的基礎上根據自己的需要制定本企業的人員試用標準和相對性的薪酬水準,簽訂《試用協議書》,填寫《新員工試用登記表》。

⑵新進員工上崗後,在試用期內,由用人部門依據試用期工作任務書和崗位說明書的要求,對新員工進行工作和業務技能的考核。注意,時間必須是在試用期結束之前進行考核。試用期間雙方可隨時通知對方解除聘用關係。

⑶新員工入職滿一個月左右時,由人力資源部對其進行跟進。形式:面談。內容:主要瞭解其直接經理對其工作的評價;新員工對工作、直接經理、公司等各方面的看法。具體見《滿月跟進記錄》。

⑷試用期表現特別優秀且有特殊貢獻者,可按照公司員工轉正的有關要求辦理轉正考核和相關手續後,提前轉正。但是一般不少於試用期的一半時間。

2.轉正流程

⑴試用期結束前,由用人部門按要求進行考核申報。

⑵擬轉正人員寫自我述職和工作總結報告。

⑶用人部門依據試用期工作任務書和崗位說明書對員工進行考核,並填寫《員工轉正考核及審批表》,簽署相關意見後連同上

述資料提交人力資源部門。

⑷人力資源部門完成相關審核後提交人力資源部主管簽署意見，然後提交總裁辦公室，提交相關批准，填寫《新員工試用結果通知單》。

⑸經批准轉正後，人力資源部通知用人部門的部門經理安排正式崗位。

⑹試用期考核不合格者，辭退員工按照離職要求辦理相關手續。注意，辭退員工的決定必須在試用期內作出並向員工明示原因。否則就會出現如下的情形。

9 員工試用錄用管理制度

員工錄用制度是單獨的一個人力資源管理的制度，是嚴格按照入職報到、試用、考核轉正這三個階段進行的，屬於比較典型的員工錄用制度。

1. 入職

接到錄用通知後，請在指定日期到集團人力資源部報到，如因故不能按期前往，應與人力資源部門取得聯繫，另行確定報到日期。

報到時應提供如下個人資料，動身前一定要準備好。

⑴近期一寸半身免冠照片 2 張；

⑵身份證原件及影本一份；

⑶最高學歷證書(學位證書)原件及影本一份；

⑷職稱證書、職業資格證書原件及影本各一份；

⑸其他指定應交的資料。

以上資料經人力資源部審驗核實後，身份證、最高學歷證書（學位證書）及職稱證書、職業資格證書原件退還本人，其他資料存入員工個人檔案備查。

人力資源部負責接待新錄用人員報到，應出示擬聘崗位的職位說明書，說明擬聘職位的工作內容、職責權限、薪酬及福利待遇等，你是否同意應明確表示。在得到同意受聘的答覆後，接待人員會安排你正式填寫「員工登記表」，並隨同你提供的其他證明材料一起轉交檔案室，為你建立個人檔案。

登記後，接待人員會為你發放《員工手冊》，辦理臨時上崗證（胸卡）、考勤卡；如需在公司餐廳用餐，可到餐廳辦理就餐卡；外埠人員由人力資源部安排住宿，公寓管理員憑人力資源部出具的介紹信安排宿舍。

一切就緒後，人力資源部開具「員工上崗介紹信」和「試崗工作安排登記表」，介紹你到指定部門報到試崗。

對外地的應聘人員，正式上崗後公司予以報銷單程長途交通費。

你在正式入職的一週內，人力資源部會安排你到公司衛生所進行體檢，根據體檢結果，合格者留用，對確實患有精神病、傳染病或健康欠佳難以勝任工作者，予以辭退。

2.試用

到指定部門報到後，由試用部門負責人談話，介紹本部門基本情況以及與本部門業務聯繫較多的部門，與本部門同事認識，發給

其所任崗位的《職位說明書》，做出試用期的工作計劃，並指定入職引導人。

入職引導人負責對你進行崗前培訓，幫你儘快熟悉與工作有關的各項具體事務，包括：向你介紹公司的有關規則和規定，所在部門職能、工作流程、要點情況；講解你的本職工作內容和要求。此外，任何與工作有關的具體事務，如確定辦公位、設置電子郵箱、領用辦公用品、使用辦公設備、用餐、搭乘班車等，你都可諮詢入職引導人。

你在試崗期間，必須參加集團培訓部統一組織的入職培訓，培訓內容包括集團概況、集團發展史、企業文化、工作制度、紀律規範、安全和環保意識等基礎知識的培訓。任何人無正當理由不得拒絕參加集團組織的教育和培訓。

被公司聘用的員工均要試崗，試用期一般為 60 天，特殊崗位如物業公司工人及保安試用期為 40 天，學校教師、幼稚園教師試用期為 42 天（以上均含入職培訓時間）。試用期自到崗報到之日起計算。

試用過程中，你應該認真學習企業有關制度與工作程序，在入職引導人輔導下掌握所用設備的性能、操作步驟、安全事項及緊急情況的應變措施等，以儘快適應本崗位工作。

如果工作和生活上有困難，應及時與入職引導人或部門負責人交流溝通，幫助你解除後顧之憂。

試用期內，如果你確實感到公司實際狀況、發展機會與預期有較大差距，或由於其他原因而決定離開，可提出辭職，並按規定辦理離職手續；相應的，如果你的工作表現無法達到要求，公司也會

終止對你的試用。

3.考核、轉正

你在試用期內試用合格並完成試崗任務，你須在試用期滿前5天到考核部領取《員工轉正申請表》、《員工轉正考核表》、《員工轉正定級申報表》（物業保安及工人只需領取《員工轉正定級申報表》），按要求規範填寫《員工轉正申請表》，並交直接上級簽字確認。不同職位的員工，轉正考核的程序也會不同：

助理級以下員工(不含特殊崗位員工)由用人部門負責人組織相關人員對試用員工進行轉正考評打分並匯總考核結果，然後在《員工轉正定級申報表》上做出工作鑑定、簽署轉正意見，並上報主管副總簽署轉正意見，然後將考核資料密封後送交考核部評審。

物業、保安、操作工等幾類員工由用人部門安排轉正考核事宜，將考核結果匯總，在《員工轉正定級申報表》上做工作鑑定、簽署轉正意見，並上報主管簽署轉正意見；物業保安及工人只需寫出《個人工作總結及轉正申請》，並交直接上級簽字確認。用人部門將考核資料密封後送交考核部評審。

中、高層職員須在入職後2個月內，結合本人從業經驗及集團發展擬寫一篇3000字以上的論文，提交考核部；你還須作為兼職講師接受培訓部安排的授課(2課時)，以上效果的回饋均作為轉正考核的重要依據，納入你的考評指標。在試用期滿10天前，你應寫出《述職報告》，隨同填寫的《員工轉正申請表》、《員工轉正定級申報表》一併報送到考核部，並接受其安排的考核評定。

轉正時間界定：在規定時間內完成轉正考核手續，經考核合格，其轉正時間以試用期滿日期為準；延期轉正者，其轉正時間以

延期截止時間為準。

　　無論能否如期轉正，人力資源部均將考核及定級結果回饋給你。

10 若超過試用期，企業不能以試用期內不符合錄用條件為由解除合約

　　依據規定，只有工作者在試用期間被證明不符合錄用條件的，用人單位才可以解除工作合約。試用期已過，用人單位就不得再以不符合錄用條件為由同工作者解除工作合約。本案中，高某已經工作了 6 個月，試用期已過，此時，企業再以不符合錄用條件為由要求同其解除工作合約，顯然是違反法律、法規規定的。

（案例）

　　2008 年 1 月，某企業招聘銷售人員，要求身體健康，年齡 30 歲以上。高某與該企業簽訂了為期 2 年的工作合約，合約規定試用期為 2 個月。2008 年 7 月，高某因患乙肝住院治療，該用人單位以高某現在患病，不符合錄用條件為由，解除了與高某所簽訂的工作合約，同時，不擔負高某的醫療費，也不給予有關的病假待遇。問該企業的做法正確嗎？

（說明）

這是一起因用人單位違反勞動法律法規而引起的爭議。依據規定，只有工作者在試用期間被證明不符合錄用條件的，用人單位才可以解除工作合約。試用期已過，用人單位就不得再以不符合錄用條件為由同工作者解除工作合約。本案中，高某已經工作了 6 個月，試用期已過，此時，企業再以不符合錄用條件為由要求同其解除工作合約，顯然是違反法律、法規規定的。

在發佈的招聘簡章、招聘資訊中應明確錄用條件和標準。用人單位在廣告上發佈招聘資訊時，除了注明對職位的一些基本要求（如年齡、職業技術、學歷等）外，還應對所聘職位的具體錄用條件、崗位職責進行詳細描述，並在與工作者訂立工作合約時再次以書面形式明確告知。

對工作者進行背景調查。核查工作者提供的資訊是否是真實的，是否違背誠實信用原則，是否隱瞞應當告知用人單位的重要資訊，如證實工作者有此類不正當行為，用人單位可視其為不符合錄用條件。

建立試用期的績效評估制度，明確考核標準、考核方式及考核方法。用人單位制定的考核內容、評分原則及決定工作者是否最終被錄用的客觀依據應當事先告知工作者，並讓其簽字確認。

在試用期屆滿前，及時對員工做出考核評價，符合要求的，及時轉正；不符合要求的，在試用期屆滿前與其解除工作合約，並及時辦理離職手續。

11 公司因為員工曾被追究刑事責任而解除工作合約

公司以李先生曾經被追究過刑事責任而與其解除工作合約，是對法律的錯誤理解，其做法是錯誤的。

（案例）

李先生曾經因為偷竊東西被判處一年有期徒刑，出獄後李先生改過自新。決定重新做人。後李先生應聘到某企業作銷售人員，在該公司幹了一年多，表現一直非常優秀，被評為公司年度優秀銷售人員，公司決定提拔李先生擔任部門經理。這時候有人向公司舉報李先生曾經因為偷竊被判處有期徒刑一年，公司向李先生核實情況，李先生承認了這一事實，李先生表示自己悔過自新，希望公司能夠給自己機會。公司經過考慮後，還是決定與李先生解除了工作合約，並且沒有支付李先生任何的經濟補償金。

於是李先生提起了勞動仲裁，勞動爭議仲裁委員會經過審理後認為，李先生在履行工作期間並沒有違法之處，公司以李先生曾經被追究過刑事責任為由與李先生解除工作合約是違法的，屬於違法解除工作合約，因此裁決公司支付李先生雙倍的經濟賠償金。

（說明）

用人單位以員工被追究刑事責任為理由與員工解除工作合約的，這裏的刑事責任是指員工在工作合約履行期間被追究的刑事責任。如果員工在簽訂工作合約時，刑事懲罰期已經結束，用人單位就不能以員工曾經被追究過刑事責任為由單方與其解除工作合約。

用人單位如果不想雇傭曾經被追究過刑事責任的人員，可以在面試登記表中設置一個問題，即是否被追究過刑事責任。如果工作者填寫了曾經被追究過刑事責任，用人單位就可以不錄取了。同時用人單位在工作合約中約定，工作者在應聘時向工作者提供的個人資料都是真實的，如果工作者提供了虛假的資料，用人單位有權與其解除工作合約。這樣一旦工作者曾經被追究過刑事責任而沒有填寫，就算提供虛假資料，用人單位仍然有權解除工作合約。

12 企業不能以員工不能勝任工作為由直接解除工作合約

（案例）

張某為某公司會計，但張某工作能力很差，幾次做賬都出現了差錯，給公司造成了損失。由於張某不能勝任工作，該公司直接與張某解除了合約。張某不服，提起勞動仲裁。勞動爭議仲裁委員會經過審理後認為，張某所在的公司雖然證明了張某不能勝任工作，但並沒有對張某進行培訓或者調整其工作崗

位，而是直接予以解除，屬於違法解除工作合約，因此裁決恢復勞動關係。

（說明）

張某雖然不能勝任工作，但用人單位也不能直接與張某解除工作合約，也要注意符合程式要件。必須是經過培訓或者調整其工作崗位後，仍然不能勝任工作的，才可以解除工作合約，否則就屬於違法解除工作合約，工作者可以要求支付雙倍的經濟賠償金或者恢復勞動關係。

用人單位因為工作者不能勝任工作崗位而與其解除工作合約時，必須注意以下幾個問題：

1. 用人單位必須證明工作者不能勝任工作，必須保存好相關證據。

如果用人單位以工作者不能勝任工作為理由，對工作者進行培訓或者調整工作崗位，用人單位必須有充分的證據證明工作者不能勝任工作崗位。一旦工作者提起仲裁，而用人單位又沒有充分的證據證明工作者不能勝任工作崗位，用人單位將面臨敗訴。因此，用人單位在調整工作崗位之前，就要搜集和保存好工作者不能勝任工作崗位的證據。例如：工作者崗位職責要求、工作者工作任務的要求、工作者不能完成工作任務或者由於能力不足給單位造成損失的證據等。

2. 必須先對工作者進行培訓或者調整工作崗位，仍然不能勝任工作的，才可以與工作者解除工作合約。

用人單位與工作者解除工作合約，不但要注意符合實體要件，

還要注意符合程式要件，用人單位不能因為工作者不能勝任工作直接與工作者解除工作合約，必須是對其進行培訓或者調整工作崗位後仍然不能勝任工作的，才可以與其解除工作合約。

3. 用人單位與工作者解除工作合約時，必須提前 30 天以書面的形式通知工作者或者額外支付工作者一個月的工資，並且需要按照相關規定支付工作者經濟補償金。

三、工作合約訂立時所依據的客觀情況發生重大變化，致使工作合約無法履行，經用人單位與工作者協商，未能就變更工作合約內容達成協定的，用人單位可以與其解除工作合約。

心得欄 _____

_____

_____

_____

_____

_____

第 三 章

工作合約要小心

1 工作合約的管理，依法而治

「工作合約」文書絕非只是幾張紙而已，「工作合約管理」也絕非是對一些紙張的保管。工作合約記載著用人單位和工作者的權利義務，是雙方工作關係的法律依據。

「合約即當事人之間的法律」意義亦在於此。而工作合約管理制度也並非可有可無，特別是在工作合約法實施之後，在法治觀念逐漸增強的時代背景下，對工作合約進行管理的觀念更新，以及工作合約管理的制度設計都提上了日程。下面就從人力資源管理的角度。對現實中存在的工作合約管理制度的錯誤觀念予以糾正，講述工作合約管理制度的實體內容，並對用人單位工作合約管理制度的建立提供具有可操作性的制度設計思路。

用人單位應當與所有與其建立工作關係的員工簽訂工作合

約，這是一個合法用工的觀念問題。

1. 工作合約的簽訂階段

工作關係的建立是透過工作合約的簽訂完成的，在工作關係正式建立之前企業進行的是員工的錄用工作，主要包括面試、體檢、簽訂合約。工作合約的簽訂主要包括簽訂時間、簽訂地點、簽訂人員、簽訂要求，以及不簽合約的法律責任。

簽訂時間，依前所述，工作合約的簽訂應當在用工之前，在員工到公司上班之前簽訂。很多企業人力資源管理者認為，按照規定，只要在員工入職後一個月內簽訂合約就可以了，如果先簽訂工作合約，而工作者又不來上班，企業豈不陷入被動！這種觀念是錯誤的。

首先，工作關係的建立以是否開始用工為標準而非以工作合約的簽訂或工作合約的生效為準，因此，簽訂合約的時間或合約生效的時間早於用工時間的，在工作者來到公司報到上班之前，雙方不是工作關係，不受勞動法的調整。

其次，如果企業在員工入職後一個月內順利和員工簽訂工作合約，自然企業無法律風險，但問題是如果在一個月內由於一些原因導致企業和員工未能將工作合約簽訂下來，那麼法律風險幾乎都在企業方。這種風險若要轉嫁給員工方，根據規定，除非企業能舉證證明以下事項。

第一，在 1 個月內企業已經書面通知工作者簽訂工作合約，即企業已盡「書面通知」的義務。從法律上講，首先通知必須是書面的，其次通知必須被工作者知曉，即被通知員工應當簽收。如果書面通知員工不簽收的話，企業就需要採用信件、錄音、錄影、公證

等方式以證明自己盡到書面通知的義務。這種舉證對企業而言成本
是巨大的。

　　第二，經書面通知後，工作者仍不與其簽訂書面工作合約。即
企業應當證明「工作者不願與其簽訂工作合約」。這種舉證對企業
而言也是很難實現的。

　　綜上所述，如果企業選擇先用工後簽訂工作合約的，若在 1 個
月內無法把工作合約簽下來，想把這種不簽工作合約的法律風險轉
嫁給工作者，從舉證角度來講，是需要花費巨大成本的。所以，工
作合約的簽訂時間一定要早於用工時間。這種觀念是簽訂工作合約
環節首先需要具備的。

　　　簽訂地點，即合約應當在那裏簽訂的問題。很多企業一般是
這樣簽訂工作合約的：先把合約條款列印好，把合約文本發給員
工，然後讓員工幾日內簽好字後交到人事部門。這種做法所折射出
來的問題就是簽訂地點由員工自己選擇。這種操作對企業而言風險
是很大的，會使企業面臨事實工作關係的風險，而企業可能卻全然
不知。例如有些員工不是很重視合約簽訂一事，讓別人代自己簽
名；再如有些惡意的員工，用左手簽名等，這些情形最終都可能導
致：如果工作者不承認該合約是自己簽名，主張用人單位與自己沒
有書面工作合約，而用人單位透過筆跡鑑定只能是徒勞。所以，工
作合約簽訂地點應當是公司規定的具體地點，如會議室、工作者工
作崗位或辦公場所等地，由專門人員和工作者當場簽訂。

　　　簽訂人員，即合約簽訂主體雙方應當明確。對於工作者一
方。應當由工作者本人簽字。工作合約與其他的合約相比有些特殊
性，其內容與工作者的人身權益有關，因此企業最好不要同意員工

委託他人代簽。對於企業一方,一般應當是企業人力資源的負責人代表企業與員工簽訂工作合約;對於企業人力資源負責人的工作合約,應當是企業總負責人與其簽訂,以免出現人力資源負責人一身兩方簽訂合約的情形出現。

　　簽訂要求,這是簽訂合約階段最重要的內容。企業一方在與工作者簽訂工作合約之前,要注意以下幾個方面。

　　首先,需要查驗工作者的身份證和上一個單位為其出具的退工單。查驗工作者身份證的目的在於:第一,確定簽訂工作合約的主體是工作者本人;第二,核實工作者的真實年齡,避免出現工作者謊報年齡致使企業違法使用童工的情形出現;第三,留存工作者身份證的影本,並要求其在影本上簽字,這是為了保留工作者的筆跡,用以和工作合約中的簽名相印證。

　　其次,要求工作者填寫「基本信息登記表」和「履歷表」。企業應當預先設置員工入職基本信息登記表,內容主要涉及工作者的一些基本信息,如姓名、年齡、戶籍所在地、檔案所在地、家庭住址、現居住位址、聯繫電話,再如家庭成員及他們的工作單位、聯繫方式、其他聯繫密切人的聯繫方式等。「履歷表」中主要包含的內容,包括詳細的教育背景(大學、高中、初中等)信息、曾工作過的單位以及職位等。這兩個表格設計得越具體、越詳細越好,其實這是一個書面的員工背景調查,這些信息有助於企業對員工進行深入的瞭解,增強企業對員工的控制力。用人單位在設計這些表格時,除了一些工作者本人的基本信息應當是必填項之外,其他內容員工可以選擇不填寫,但對於企業來說,對於信息不夠詳盡的員工可以選擇不與其簽訂工作合約。實踐中,很多企業把這個工作放在

簽訂合約之後才做，這時如果員工不配合，企業是沒有任何辦法的。

最後，查驗由指定醫院出具的工作者的體檢表。很多企業是在員工入職後才組織員工體檢。這種體檢對於企業來講無任何實質意義。所以，體檢應安排在簽訂工作合約、確定工作關係之前。

⑸不簽合約的法律責任。在指定時間、地點，專人和員工簽訂合約，而員工以各種理由推脫不簽訂合約的，企業應當明確不簽訂合約不予錄用，招聘工作到此結束，絕對不能推到試用期內或試用期結束再簽訂合約。

2.工作合約的履行階段

在工作關係存續階段，工作合約可能會發生三種變化：工作合約的變更、工作合約的中止、工作合約的解除。

工作合約的變更是指用人單位與工作者就工作合約的內容進行變更。在工作合約的變更環節，需要注意以下問題。

第一，工作合約的變更，雙方應當簽訂變更協定，變更協定作為工作合約的附件，就變更的內容，效力優於工作合約中相應的內容。

第二，工作合約的變更類型有兩種，一種是約定變更，即雙方可以就原工作合約中的所有內容進行協商變更；另外一種是法定變更，即在法定情形出現時，企業可以單方變更工作合約的內容。根據《工作合約法》規定，在工作者患病或因工負傷後，在法定的醫療期滿後不能從事原工作，用人單位可以變更工作崗位；工作者不能勝任工作的，用人單位可以選擇給工作者變更工作崗位。

以上兩種情況是企業可以依法單方面變更工作合約的情形，若遇以上情況出現，企業不需要與員工協商即可變更工作合約中的工

作崗位。但是,需要提醒用人單位的是,這種情況下「調崗」是企業的法定權利,但「調崗」不意味著「調薪」,關於薪資問題,用人單位仍需要與員工進行協商,除非雙方在工作合約中約定出現法定調崗情形,薪資也依崗而變。

工作合約的中止是指在工作合約履行過程中,出現一些情形致使工作合約無法按照原先約定繼續履行,但又不屬於工作合約應當終止的情形,雙方可以協商暫時停止工作合約的履行,待相關情形消失後合約繼續履行的制度。工作合約的中止制度在勞動法中未規定,在一些地方的地方性法規中有這項制度。我們認為,在法無明令禁止的情況下,企業是可以使用這一制度的,只要合約雙方就此協商一致即可。在適用這一制度時,需要注意以下問題。

第一,雙方約定中止工作合約履行的,應當簽訂中止協議,就中止期間雙方的權利義務予以明確約定,如合約中止期間薪資的發放、社保的繳納、中止情形消失後合約的效力等問題。

第二,工作合約中止常適用的情形主要有:如工作者涉嫌違法犯罪被有關機關限制人身自由但仍未被定性的、企業同意員工長期脫產學習的、員工法定醫療期已滿但仍不能工作的、試用期內員工患病需要長休病假導致企業無法在預定的試用期內進行考核的,等等,導致工作合約暫時無法履行的情形。

工作合約的解除是指工作合約未到期,而提前終止工作合約的行為。工作合約的解除分為兩大類:約定解除和法定解除。約定解除是指工作合約雙方當事人協商一致解除來履行完畢的工作合約;從用人單位角度來講,法定解除是指工作合約在履行過程中,由於工作者出現了法定情形而導致用人單位單方面提出解除工作

合約。

　　用人單位有權單方面提出解除工作合約的情形分為兩大類。

　　第一，因工作者過錯所致。如工作者在試用期內被證明不符合錄用條件、嚴重違紀、嚴重失職給用人單位造成重大損害等規定的情形。

　　第二，無過失性辭退。根據規定，工作者患病或非因工負傷，在規定的醫療期滿後不能從事原工作。也不能從事用人單位另行安排的工作的；工作者不能勝任工作，經過培訓或調崗後仍不能勝任工作的；工作合約訂立時所依據的客觀情況發生重大變化，致使工作合約無法履行，且雙方就變更合約內容無法協商一致的。在無過失性辭退中，用人單位需要提前 30 日以書面形式通知工作者本人，或者額外支付 1 個月的薪資，額外支付 1 個月的薪資標準按照工作者上 1 個月的正常勞動報酬確定。這就是所謂的「代通知金」。我們建議企業選擇額外支付 1 個月的薪資報酬來操作，原因在於：其一，讓該員工馬上離開可避免他的離開階段給公司其他員工帶來一些負面影響；其二，選擇「代通知金」的方式，可以讓企業少為該員工繳納一個月的社會保險。

3.工作合約的終止或續簽階段

　　在固定期限工作合約到期後，工作合約可能會面臨著續簽或終止的問題。工作合約的續簽是指固定期限工作合約到期後，雙方協商一致、繼續勞動關係的工作合約。工作合約的終止是指雙方對工作合約的內容履行完畢之後，不再繼續勞動關係而導致工作合約自然終止。

　　⑴在固定期限工作合約到期前，用人單位應當事先瞭解員工的

續簽意向。一般而言，在合約到期前 1 個月，企業可以給工作合約即將到期的員工發放「續簽意向書」，瞭解員工的續簽意向。若員工願意續簽，應進一步就合約的內容協商確定。若員工不願意續簽，企業應告知工作者合約到期時即行終止，並在離職之前辦理工作交接手續。如果是因為企業降低工作標準和待遇而導致員工不願意續簽合約的，企業需要支付工齡補償金。另外，在續簽合約時，不得約定試用期，而不論續簽的工作合約中是否變更了原工作合約的崗位。

(2)不管工作合約是到期續簽或終止，都應當在原工作合約到期日前辦妥相關手續。這是企業經常忽略的細節問題。如果工作合約需要續簽，續簽工作合約和新簽訂工作合約有諸多相似之處，如續簽環節也需要明確續簽地點、人員，但也有一些不同之處，如續簽工作中不需要員工提交退工單、身份證、體檢表、基本信息登記表等。在合約續簽環節，企業往往忽略了簽訂時間的確定，認為企業是和在職的員工續簽合約，所以續簽時間無關緊要，這種觀念是很有風險的。對於企業而言，合約續簽時間應當在原工作合約到期前，最遲在原工作合約到期日完成續簽工作，否則從原工作合約終止的第二天起，企業和工作者就形成了事實工作關係。如果工作合約終止的，在合約期限內辦妥終止手續，拖延辦理相關手續同樣會造成事實勞動工作關係。

(3)如果即將到期的固定期限工作合約是自 2008 年起，企業與員工簽訂已是第二次固定期限的工作合約，這時企業需要格外注意，如果再續訂固定期限的工作合約，那麼在下一次簽訂合約時，企業就必須與員工簽訂無固定期限工作合約，除非工作者提出簽訂

固定期限工作合約。

4. 企業應當建立工作合約管理台賬

工作合約管理台賬是人力資源部門管理本企業工作合約的一個工具，旨在實現企業工作合約管理的優化。企業應當對企業所有的工作合約進行編號，每一個員工對應的工作合約的編號都是唯一的。工作合約管理台賬主要包括以下內容。

首先，記載每個員工的基本信息。如工作者的姓名、身份證號碼、文化程度、婚姻狀況、本單位工作年限等。

其次，用工形式或工作合約類型。該員工是全日制還是非全日制用工，是固定期限工作合約，無固定期限工作合約，還是以完成一定工作任務為期限的工作合約，是否為兼職，及工作合約的狀態。若是固定期限工作合約，該合約的起始日和到期日，以及該合約是企業與員工第幾次簽訂的。

最後，其他事項。如該員工是否有保密協定、競業限制協定、培訓協定及服務期約定等。

2 工作合約需要管理

工作合約是明確用人單位和工作者之間關係的法律文書,作為確認雙方法律關係的效力文書,應當是當事人雙方親自簽訂。就簽訂主體的要求而言,工作合約的簽訂要嚴於其他合約的簽訂,如企業中一般的買賣合約等可以由雙方主體授權人簽訂,而工作合約的簽訂不宜採用委託授權人的方式簽訂。因為,其一,工作合約不同於一般的純涉及經濟利益的合約,它與工作者的人身權益有一定的關係;其二,工作合約的雙方主體在法律上是平等的,但現實中總是用人單位的地位比較強勢,而工作者地位相對弱勢。

(案例)

楊某與丁某尋找工作,經過近一個月的艱難尋找,2005 年 4 月 20 日同時被某玩具製造廠錄用。5 月 1 日,該廠通知他們簽訂工作合約時,不巧,楊某剛好患重感冒發高燒在住處休息。丁某見同鄉昏睡不醒,一個人急急忙忙趕到該玩具廠,與該廠簽訂工作合約。自己簽訂合約後,丁某心想,人生地不熟,找到一份工作不容易,如果不替楊某簽合約,他還得要一段時間才能找到工作,於是出於好意也幫楊某代簽了工作合約。

5 月 4 日,楊某病癒上班。6 月 5 日,該廠發薪資時,楊某發現領到的薪資比錄用時所承諾的報酬少了近 500 元,楊某隨即向廠方提出異議,該廠主管說這是工作合約約定的,你的老

鄉已經代替你簽了字，合約一經訂立，具有法律效力。楊某不服，向當地爭議仲裁委員會提出申訴。

仲裁委員會裁決，認為代簽的工作合約無效，雙方應重新簽訂工作合約。

（說明）

根據規定，工作合約應當以書面形式簽訂。但是否只要有「一紙文字」就能成為工作合約呢？事情遠沒有如此簡單。

從本案中，就反映出了該玩具廠的管理疏漏。玩具廠想要和楊某簽訂工作合約，但是在合約上簽字的人根本不是楊某。這種合約，從一開始就沒有生效，不具法律效力。而廠方卻沒有注意到，認為只要有人簽字合約就可成立，最終廠方輸掉了仲裁。

就用人單位而言，在與工作者簽訂工作合約時，一定要查看工作者的身份證件，用以明確合約的簽訂者是否為勞動的提供者本人，以及工作者是否符合法定的就業條件。本案中用人單位就忽略了這一工作。

工作合約簽訂是建立工作關係的基礎性工作，在工作合約的簽訂環節，主要需明確以下幾個事項：工作合約簽訂工作的時間、地點、簽訂負責人。

對於簽訂的時間，建議能夠安排在同一時期，安排簽訂時間比較集中，就可以減少人力資源部門準備工作的反覆進行。一次性完成，既有利於提高人力資源部門的效率，也便於各部門辦理新員工入職的工作。

對於簽訂地點，則需要固定一個場所。這個固定地點不僅僅是

現在工作合約簽訂時的地點,也是日後有關工作合約變更、協商、續訂等事項進行的固定地點。如此操作,簽訂工作的嚴肅性,確保全體人員均瞭解工作合約的重要性。

對於簽訂的負責人應如何確定,則建議由人力資源部門安排各用人部門的負責人。之所以不由人力資源部門人員簽訂工作合約,主要是考慮到用工部門對簽訂工作合約的人員比較熟悉瞭解,能夠確認其身份、個人的信息。同時,如果今後該人員出現問題,也可以直接追查到部門負責人是否存在過失、責任,增強負責人的前期責任感。例如本文案例中的情況,如果當初代表公司簽訂工作合約的人員是部門負責人,那麼該負責人就會對丁某的兩次簽訂行為及身份產生質疑,在問題發生之前就予以避免。另外,即使負責人當時沒有察覺異常行為,因其在合約上簽了字,玩具廠也就能夠很快查到當時的情況,增加公司挽回損失的可能性。

3 應採用書面形式訂立工作合約

工作合約規定:建立工作關係,應當訂立書面工作合約。已建立工作關係,未同時訂立書面工作合約的,應當自用工之日起一個月內訂立書面工作合約。

在這個規定中,法律考慮到了企業的實際操作的需要,給予了雙方當事人可以在建立工作關係之日起一個月內的工作合約簽訂期限。這種合理的操作期限,使得用人單位如果在一個月內還沒有

與工作者簽訂書面工作合約，就要受到相應的懲罰。

　　大陸規定用人單位自用工之日起超過一個月不滿一年未與工作者訂立書面工作合約的，應當向工作者每月支付二倍的工資。相信這種懲罰力度，足可以讓用人單位對簽訂書面工作合約重視起來。《工作合約法》第十四條第三款還規定：用人單位自用工之日起滿一年不與工作者訂立書面工作合約的，視為用人單位與工作者已訂立無固定期限工作合約。

4 若要續簽工作合約，公司要提早進行

（案例）

　　吳某大學畢業後來到某公司工作，雙方簽訂了為期 3 年的工作合約，合約期限至 2009 年 7 月 30 日。吳某在自己的工作崗位上一直勤勤懇懇、任勞任怨，受到公司上下的一致好評。

　　轉眼 3 年過去了，2009 年 7 月 8 日吳某曾向公司人事部經理提出是否續簽工作合約，人事部經理答覆說，總經理出差還沒有回來，等回來後再答覆。經理回來後，也一直沒有答覆吳某是否續簽工作合約。

　　2009 年國慶日前吳某提出請探親假 20 天，要回老家結婚。這時公司經理說，吳某的合約早已到期，公司從即日起解除與吳某的工作合約。第二天，人事部經理將終止工作合約通知書送達給吳某，要求吳某馬上辦理工作交接手續。

吳某未作答覆，國慶日回老家結了婚。同年 10 月 21 日吳某回到公司上班，人事部經理對他說，你的工作合約已經終止，你不用來公司上班了。

第二天吳某向爭議仲裁委員會提出申訴，要求公司補發 10 月份薪資，並繼續履行工作合約。

（說明）

工作合約到期後，如果用人單位未及時辦理終止工作合約的手續，而工作者仍在單位工作的，則工作者與用人單位之間就形成了事實上的勞動關係。形成事實工作關係後，會出現兩種結果，一種情況是用人單位與工作者協商一致解除事實勞動關係；另一種情況是用人單位與工作者續簽工作合約，如果該工作者在用人單位工作滿 10 年以上，工作者要求續簽無固定期限工作合約的，用人單位應當與其簽訂無固定期限的工作合約。

在該案中，吳某與公司顯然已經形成了事實上的工作合約關係，公司無權單方面終止或者解除這種事實上的勞動關係。

在本案中，吳某與公司顯然已經形成了事實上的勞動關係，根據大陸的規定，公司自用工之日起超過 1 個月不滿 1 年未與工作者訂立書面工作合約的，應當向工作者每月支付 2 倍的薪資。如果用人單位自用工之日起滿 1 年不與工作者訂立書面工作合約的，那麼用人單位必須與工作者訂立無固定期限工作合約。這個後果對企業來說，是很嚴重的。

對於終止勞動關係，單位還有一些後續義務，如果忽視，也會承擔不利後果：用人單位違反本法規定未向工作者出具解除或者終

止工作合約的書面證明，由行政部門責令改正；給工作者造成損害的，應當承擔賠償責任。

5 訂立工作合約過程中的知情權

很多用人單位招來了員工卻留不住，員工跳槽頻繁，當然有各種各樣的原因。其中一個重要原因是，用人單位單方面地瞭解了員工，並按自己的需要篩選出了合適的員工，但是這些員工並不瞭解用人單位。員工入職以後，發現用人單位的實際情況與自己的想像相差甚遠，自然而然地會產生跳槽的念頭。

用人單位招用工作者時，應當如實告知工作者工作內容、工作條件、工作地點、職業危害、安全生產狀況、工作報酬以及工作者要求瞭解的其他情況；用人單位有權瞭解工作者與工作合約直接相關的基本情況，工作者應當如實說明。

在工作合約締結之前，雙方當事人必須有一個權利——瞭解對方相關信息的權利。如果沒有這個權利，用人單位的面試根本就無法開展，因此法律必須賦予雙方當事人知情權。所以，用人單位在招聘的時候，要把自己的真實情況充分地告訴求職者，讓求職者謹慎地作選擇。如果求職者願意來，那麼他來了之後一般會很穩定，因為他已經有了足夠的準備。對於工作者來講，用人單位在招聘工作者時，應當告知工作者本單位工作方面的相關內容和工作者想瞭解的一些情況，這是工作者的知情權。

　　在實際操作過程中，用人單位的知情權行使得非常充分。當用人單位面試工作者的時候，什麼問題都可以直接問，一般來說，這些問題工作者都要回答，因為現在勞動力供大於求，如果工作者不配合用人單位的面試，就可能失去被聘用的機會，所以用人單位知情權的行使幾乎沒有什麼障礙。

　　滿足求職者的知情權，對用人單位是有利的。員工頻繁跳槽，損失最大的還是用人單位。因為每個員工都是用人單位花費很大的招聘成本招進來的，員工跳槽了，用人單位還得重新招人，又花費了一次招聘成本。

　　用人單位在讓求職者享受知情權時應注意下列問題：

　　⑴知情權行使的時間是在締約過程之中，工作合約尚未訂立，工作者和用人單位為了締結工作合約而相互瞭解對方。沒有締約意願的人無權瞭解他人的各方面情況。

　　⑵知情權的範圍是與締結工作合約有關的信息，用人單位的商業秘密則不屬於知情權的範圍。

　　⑶用人單位在實行知情權的時候，要注意不要侵犯求職者的隱私權。如果侵犯了求職者的隱私權，可能會產生一些民事糾紛。現在大家的維權意識都很強，特別是對隱私權比較敏感。

　　⑷工作者在訂立工作合約前，對用人單位相關的制度、勞動條件、工作報酬這幾個關鍵信息，應當予以充分的瞭解。如果用人單位沒有將這幾個關鍵信息告知工作者，那麼，就會產生工作者不受單位規章制度約束的法律後果。用人單位對其提供的信息，應負有保證信息真實性的義務。

　　⑸用人單位在招用工作者時，對工作者的健康狀況、知識技能

和工作經歷這幾個主要關鍵信息應當予以充分的瞭解。如果工作者沒有如實地向用人單位告知這幾個主要的關鍵信息，或者有虛假情況，那麼，給工作者帶來的將是被解除工作合約的法律後果。

6 什麼情況可變更工作合約

工作合約變更與工作合約解除不同，工作合約變更並不涉及補償金等方面的問題。但是，由於工作合約的變更給對方造成損失的，提出變更的一方應當承擔損害賠償責任。

（案例）

唐先生在某公司已經連續工作多年，公司每年與唐先生續簽一次一年期的工作合約。不知不覺中唐先生已在該公司連續工作了十年以上，又到了續簽工作合約的日期，唐先生願意繼續留公司工作，公司對唐先生也比較滿意，於是雙方經協商又續簽了一份一年期的工作合約。

合約簽訂後，雙方按以往慣例履行合約。不久，唐先生聽說《勞動法》規定：只要連續工作十年以上的，用人單位就應當續簽無固定期限工作合約。於是，唐先生就找公司交涉，要求單位按《勞動法》的規定將一年期工作合約改為無固定期限工作合約。公司認為這份合約是經雙方協商一致簽訂的，要改期限也要經協商一致，現公司不同意唐先生提出的改期限要

求。雙方於是發生爭議，唐先生即申請仲裁，要求將一年期工作合約變更為無固定期限工作合約。

（說明）

唐先生現在的狀態是工作合約已經簽訂，對合約期限存在異議。如果要改變合約期限則屬於工作合約的變更了。唐先生在合約履行中如要變更合約條款，應當遵循平等自願、協商一致的原則。唐先生如主張合約非本人自願簽訂的理由，則應提供證據以證明用人單位採用了欺詐、威脅等手段導致了有期限工作合約的訂立，並通過仲裁委員會或人民法院確認一年期限條款無效，在此基礎上，唐先生才能要求將工作合約確定為無固定期限合約。

那麼，據此，唐先生如果要求簽訂無固定期限的工作合約，應當按照變更工作合約的流程進行，並遵守變更工作合約的要求。

所以，特別提示：工作合約的變更是指工作合約依法訂立生效以後，合約尚未履行或者尚未履行完畢之前，用人單位與工作者就工作合約內容作部份修改、補充或者刪減的行為。工作合約變更是對工作合約內容的局部的更改，如變更工作崗位、勞動報酬等，一般說來都不是對工作合約主體的變更。變更後的內容對於已經履行的部份往往不發生效力，僅對將來發生效力，同時，工作合約未變更的部份，工作合約雙方還應當履行。

因工作合約變更給一方當事人造成損失的，除法律、法規規定可以減免責任外，造成損失的一方當事人應負賠償責任，即誰提出變更工作合約誰負賠償責任。雙方都有責任的，則由雙方共同承擔責任。

7 工作合約變更的原則

（案例）

　　孫某是某保險公司正式職工，雙方簽有工作合約，期限為
2002 年 11 月 1 日至 2008 年 10 月 31 日，工作崗位為管理崗位。
2003 年 8 月，該保險公司改制，成立股份有限公司，10 月 20
日公司通知全體員工簽訂工作合約，但簽訂工作合約時，孫某
發現自己的工作崗位由原「管理崗」改為「展業崗」。孫某認為，
自己年齡偏大，身體多病，已不適應「展業崗」工作，便拒簽
工作合約。因協商不成，保險公司在未解除原工作合約的情況
下，於 2003 年 11 月起停止了孫某的工作，隨即停發了孫某的
工資。

（說明）

　　變更工作合約是履行工作合約過程中時常遇到的問題，特別是
企業改制後，經常會面臨合約期限、工作崗位、工資保險福利等合
約條款變更的問題。

　　勞動法規定：訂立和變更工作合約，應當遵循平等自願、協商
一致的原則，不得違反法律、行政法規的規定。可見變更工作合約，
也應遵循平等自願、協商一致的原則，不得違反法律法規的規定強
行重新簽訂工作合約，對協商確實達不成一致意見的，用人單位可
根據《勞動法》第二十六條（三）項規定，依法解除工作合約，並按

規定支付工作者補償金。本案中，某保險公司對變更工作崗位不服、不簽訂新工作合約的孫某做出停止工作並停發工資的做法，違反了上述原則和規定，應由改制後的保險公司繼續履行原工作合約，補發孫某的工資。

因此，在變更工作合約中要注意變更的原則是「協商一致」，單方面變更工作合約是無效的。

《工作合約法》第三十五條規定：用人單位與工作者協商一致，可以變更工作合約約定的內容。變更工作合約，應當採用書面形式，變更後的工作合約文本由用人單位和工作者各執一份。工作合約的變更應當遵守協商一致的原則。工作合約的內容表達了用人單位和工作者的共同意願，一經訂立便受到法律的保護。工作合約是勞動法律的延伸，即具有法律上的約束力，任何一方不得隨意變更。

根據《工作合約法》及相關的法律法規的規定和實踐經驗，變更工作合約需要注意以下問題：

第一，用人單位和工作者均可能提出變更工作合約的要求，辦理工作合約變更手續。提出變更要求的一方應及時告知對方變更工作合約的理由、內容、條件等；另一方應及時做出答覆，否則將承擔一定的法律後果。

第二，變更工作合約應當採用書面形式。變更後的工作合約仍然需要由工作合約職工當事人簽字、用人單位蓋章且簽字，方能生效。工作合約變更書應由工作合約雙方各執一份，同時，對於工作合約經過鑑證的，工作合約變更書也應當履行相關手續。

第三，對於特定的情況，不用辦理工作合約變更手續的，只需

向工作者說明情況即可。如用人單位變更名稱、法定代表人、主要負責人或者投資人等事項發生變更的，則不需要辦理變更手續，工作關係雙方當事人應當繼續履行原合約的內容。

第四，工作合約變更應當及時進行。工作合約變更必須是在工作合約生效後終止前進行，用人單位和工作者應當對工作合約變更問題給予足夠的重視，不能拖到工作合約期滿後進行。

工作合約變更程序如下：

(1)提出變更的要約。用人單位或工作者提出變更工作合約的要求，說明變更合約的理由、變更的內容以及變更的條件，請求對方在一定期限內給予答覆。

(2)承諾。合約另一方接到對方的變更請求後，應當及時進行答覆，明確告知對方同意或是不同意變更。

(3)訂立書面變更協議。當事人雙方就變更工作合約的內容經過平等協商，取得一致意見後簽訂書面變更協定，協定載明變更的具體內容，經雙方簽字蓋章後生效。變更後的工作合約文本由用人單位和工作者各執一份。

具體而言，工作合約變更的一般流程是這樣的：

(1)符合工作合約變更規定條件的，工作合約當事人可以變更工作合約。當事人要求變更工作合約，應當填寫《變更工作合約通知書》（表 3-7-1），並及時送交對方，由對方當事人在《通知回執》上簽收。

表 3-7-1　變更工作合約通知書

```
                       變更工作合約通知書

    ＿＿＿＿＿＿＿＿＿＿：

      我們雙方於＿＿年＿＿月＿＿日簽訂的工作合約，因＿＿＿＿＿＿等原因，現

根據《××市工作合約管理規定》的規定，擬對原工作合約的第＿＿＿＿條第

款第＿＿＿＿項的內容作如下變更：

    ＿＿＿＿＿＿＿＿＿＿＿＿＿＿＿＿＿＿＿＿＿＿＿＿＿＿＿＿＿＿＿＿＿＿＿

    ＿＿＿＿＿＿＿＿＿＿＿＿＿＿＿＿＿＿＿＿＿＿＿＿＿＿＿＿＿＿＿＿＿＿＿

      工作合約的其他內容不變。

      是否同意變更，請於十五日內作出書面答覆；逾期不答覆的，視為同意變更

工作合約。

                                        通知方（簽名或蓋章）

                                            年    月    日
- - - - - - - - - - - - - - - - - - - - - - - - - - - - - - - - - - - -
                                簽收回執

      本人（單位）已收到單位（職工）於＿＿＿年＿＿月＿＿日發出的《變更工作合約

通知》。

                                        被通知方（簽名或蓋章）

                                            年    月    日
```

　　(2)被通知方接到《通知書》後，應在一定期限內(15 日內)就是否同意變更工作合約書面答覆通知方。逾期不答覆的，視為同意按對方的要求變更工作合約。

　　(3)雙方同意變更工作合約的應及時就變更的條件和內容進行協商，經協商達到一致意見的，應簽訂《變更工作合約協議書》(表

3-7-2)。一方當事人不同意變更工作合約或經雙方協商不能就變更
工作合約達成一致的，雙方應繼續履行工作合約。

表 3-7-2　變更工作合約協議書

_____(甲方)與(乙方)經協商，雙方同意對____年___月___日簽
訂的工作合約的部份條款進行變革，變更後的條款(內容)為：

_____

_____。工作合約的其他條款仍然有效，雙方應一併履行。

甲方：(簽字蓋章)　　　　　　　乙方：(簽字蓋章)

____年___月___日　　　　　　____年___月___日

鑑證人：(簽字蓋章)　　　　　　鑑證機關：(簽字蓋章)

____年___月___日

註：變更工作合約書一式三份，甲乙雙方、鑑證機關各一份。

---

　(4)雙方當事人在工作合約中約定一方可以單方變更工作合約
部份條款的條件和範圍的，在工作合約履行期間，當約定的變更條
件出現時，當事人可以按照合約的約定變更工作合約，並按規定簽
訂《變更工作合約協議書》。

　(5)《變更工作合約協議書》一式三份，送勞動行政部門鑑證後，
由甲乙雙方、簽證機關各持一份。

8 工作合約變更的情形

（案例）

　　吳某就職於某工廠，2006 年 3 月，該工廠因為生產需要，將吳某從同一工廠 A 生產線調至 B 生產線，其薪資待遇、工作內容均未發生變更。吳某並無正當理由，拒不服從調崗，工廠按照相關規章制度，對其做出記大過一次的處理決定，吳某不服，以變更工作合約未與其進行平等協商為由，向當地行政部門提出申訴。該工廠對吳某的調崗是否屬於工作合約變更？

（說明）

　　案例中吳某屬於工作位置的變更，就好像在同一個辦公室中，由 A 辦公桌被調到 B 辦公桌一樣。所以屬於用人單位合理調崗，用人單位利用自己的管理權，對工作者的工作位置做出調整，其並不屬於工作合約的變更問題。

　　當工作合約出現履行障礙時，法律允許雙方當事人在工作合約的有效期內，對原工作合約的相關內容進行調整和變更。有下列情形之一的，合約雙方可以變更本合約：

　　⑴在不損害國家和他人利益的情況下，雙方協商一致的；

　　⑵工作合約訂立時所依據的客觀情況發生了重大變化，經合約雙方協商一致的；

　　⑶由於不可抗力的因素致使工作合約無法完全履行的。不可抗

力是指當事人所不能預見、不能避免並不能克服的客觀情況，如自然災害、意外事故、戰爭等；

(4)工作合約訂立時所依據的法律、法規已修改的；

(5)工作者的身體健康狀況發生變化、勞動能力喪失或部份喪失、所在崗位與其職業技能不相適應、職業技能提高了一定等級等，造成原工作合約不能履行或者如果繼續履行原合約規定的義務對工作者明顯不公平；

(6)法律、法規規定的其他情形。

9 工作合約解除的實務操作

1. 工作合約解除實務操作關鍵

(1)規章制度是企業合法解除的重要依據。

(2)注意解除工作合約的善後工作。如書面通知工作者；結清工資；辦理檔案和社會保險關係轉移手續(15 日內)；需支付補償金的，在工作者辦理工作交接時支付。

(3)審查工作者單方解除工作合約的合法性。如是否提前三十天(試用期提前三天)通知；是否辦理相關工作交接手續；雙方是否存在培訓協定和保密協定；注意保存因為工作者的違法解除給企業造成損失的相關證據。

2. 工作合約解除的程序

(1)工作合約當事人協商解除工作合約的，要求解除工作合約的

一方應以書面形式通知對方,並與雙方協商解除工作合約的有關事宜;經協商同意解除工作合約的,雙方應簽訂《解除工作合約協議書》;同時,用人單位應辦理解除工作合約手續。經協商不能達成一致或一方當事人不同意解除工作合約的,雙方應繼續履行工作合約。

表 3-9-1 解除工作合約協議書

解除工作合約協議書

_____(方)因_____原因,要求提前解除與(方)於____年___月___日簽訂的《工作合約》。經協商,雙方同意從____年___月___日起,解除工作合約。甲方按規定支付(不支付)乙方經濟補償金____元。

本協議一式兩份,由甲、乙雙方各執一份,具有同等法律效力。

甲方:(簽字蓋章)　　　　　　　乙方:(簽字蓋章)

法定代表人:　　　　　　　　　委託代理人:

____年___月___日　　　　　　　____年___月___日

(2)用人單位單方解除工作合約,應當事先將理由通知工會。用人單位違反法律、行政法規的規定或者工作合約約定的,工會有權要求用人單位糾正。用人單位應當研究工會的意見,並將處理結果書面通知工會。

(3)用人單位即時解除工作合約的,應及時向職工發出《解除工作合約通知書》(表 3-9-2),並按規定為職工辦理解除工作合約手續。

表 3-9-2　解除工作合約通知書

解除工作合約通知書
我們雙方於＿＿年＿＿月＿＿日簽訂的工作合約，因＿＿＿＿＿＿＿原因而無法繼續履行，決定從＿＿年＿＿月＿＿日起與你(單位)解除工作合約，請你(單位)於＿＿年＿＿月＿＿日前到＿＿＿部門(給予)辦理解除工作合約手續。 　　　　　　　　　　　　通知方(簽名或蓋章)： 　　　　　　　　　　　　　　　年　　　月　　　日
簽收回執 　　本人(單位)已收到單位(職工)於＿＿年＿＿月＿＿日發出的《解除工作合約通知書》。 　　　　　　　　　　　　被通知方(簽名或蓋章)： 　　　　　　　　　　　　　　　年　　　月　　　日

　　(4)用人單位提前通知解除工作合約的，應提前三十日向職工發出《解除工作合約通知書》，期滿後按規定為職工辦理解除工作合約手續。

　　(5)用人單位實施裁員，應當：第一，提前三十天向工會或全體職工說明情況；第二，聽取工會或者職工的意見；第三，向行政部門報告裁員方案，進行情況說明，不需批准。履行三項程序後，用人單位即可實施裁員並按規定為職工辦理解除工作合約手續。

　　(6)員工即時解除工作合約的情況。員工應向用人單位提交《解除工作合約通知書》；用人單位接到《解除工作合約通知書》後，應按規定為職工辦理解除工作合約手續。

　　(7)員工通知解除工作合約的情況。工作者以這種方式解除合約

的行為,依據《勞動法》的規定判斷,是一種違約行為,應當承擔違約責任。員工應提前三十日向用人單位提交《解除工作合約通知書》;通知期滿後,用人單位應按規定為職工辦理解除工作合約手續。

3.工作合約的終止

工作合約的終止是指工作合約期限屆滿或者當事人約定的合約終止條件出現時,一方或雙方當事人消除工作關係的法律行為。終止工作合約的條件分兩類,一是合約期滿,二是當事人約定的終止合約的條件。在工作合約中約定終止條件,一般是在無固定期限的合約中約定。約定的內容是根據雙方的具體情況而定,如「當工作者到達退休年齡時,本合約即應終止」;「當工作合約當事人有一方消失,合約應即終止」,等等。

工作合約終止時應辦理以下手續:

(1)工作者應按照用人單位的要求辦理工作交接手續,並分別到財務等管理部門辦理相關手續,特別是手續,如領取補償金、工資,繳納培訓費、違約金、賠償金等。

(2)用人單位應發給工作者終止工作合約通知書、證明書。

(3)用人單位應按工作者要求及有關規定為工作者辦理檔案移交和社會保險轉移手續。

工作合約期限屆滿或其他的法定約定終止條件出現,任何一方要求終止工作合約,應當提前三十日向對方發出《終止工作合約通知書》;

工作合約期滿或約定的終止條件出現後,用人單位應為職工辦理終止工作合約手續。

表 3-9-3　終止工作合約通知書

終止工作合約通知書

　　_____：

　　我們雙方於____年___月___日簽訂的工作合約將於____年___月___日期限屆滿(終止條件已出現)，單位(本人)決定不再續訂工作合約，決定與你(單位)終止工作合約，請你(單位)於____年___月___日前到

　　_____部門(給予)辦理終止工作合約手續。

通知方(簽名或蓋章)

年　　　月　　　日

- -

簽收回執

　　本人(單位)已收到單位(職工)於____年___月___日發出的《終止工作合約通知書》。

通知方(簽名或蓋章)

年　　　月　　　日

---

　　(4)工作合約解除、終止後，用人單位應在十日內為職工辦理下列手續：

　　①結清職工應得的工資及各項社會保險和福利待遇費用，並按照有關規定發給職工補償金(或生活補助費)和醫療補助費；

　　②為職工辦理養老保險停保手續和審核失業救濟金手續；

表 3-9-4　解除(終止)工作關係證明書

解除(終止)勞動關係證明書

　　_____區公司：

　　本單位與職工_____(性別：___，年齡___，身份證號碼_____)簽訂的工作合約已於____年___月___日依法解除(終止)。

用人單位(蓋章)

年　　月　　日

簽收回執

　　本人已收到單位於____年___月___日發出的《解除(終止) 工作關係證明書》。

職工簽名：

年　　月　　日

---

10 工作合約的續訂操作

　　工作合約續訂，是指合約期限屆滿，雙方當事人均有繼續保持工作關係的意願，經協商一致，延續簽訂工作合約的法律行為。續訂工作合約程序如下：

　　一般在合約到期前一個月左右，用人單位應書面瞭解工作者的意向；對有續訂合約意向的員工，用人單位應及時確定是否與其續訂的意向；雙方當事人協商要約和承諾，實際是對原合約條款審核後確定繼續實施還是變更部份內容；協商一致後，雙方簽字或蓋

章。實際操作中可以重新簽一份，也可以填寫續簽合約單(該續簽單一般附在工作合約後面)。

具體的流程如下：

(1)工作合約期限屆滿或其他的法定、約定終止條件出現，任何一方要求續訂工作合約，應當提前三十日向對方發出《續訂工作合約通知書》，並及時與對方進行協商，依法續訂工作合約。

表 3-10-1　續訂工作合約通知書

續訂工作合約通知書
＿＿＿＿＿＿＿＿＿：
單位(本人)與你(單位)於＿＿年＿＿月＿＿日簽訂的《工作合約》的期限將於＿＿年＿＿月＿＿日屆滿，單位(本人)決定繼續與你(單位)續訂工作合約，如同意續訂合約，請於＿＿月＿＿日上/下午＿＿＿＿時到(部門)辦理續訂工作合約手續。
如不同意續訂合約，請於＿＿月＿＿日前以書面方式答覆單位(本人)。
通知方(簽名或蓋章)　　　　　　年　　月　　日
簽收回執
本人(單位)已收到單位(職工)於＿＿年＿＿月＿＿日發出的《續訂工作合約通知書》。
被通知方(簽名或蓋章)　　　　　　年　　月　　日

(2)續訂工作合約，如原工作合約的主要條款已有較大改變，雙方應重新協商簽訂新的工作合約；如原工作合約的條款變動不大，

雙方可以簽訂《延續工作合約協議書》（表 3-10-2），並明確工作
合約延續的期限及其他需重新確定的合約條款。

表 3-10-2　延續工作合約協議書

<table>
<tr><td>

延續工作合約協議書

　　_____（甲方）與_____（乙方）於____年___月___日簽訂的工作合約將
於____年___月___日依法終止，經雙方協商一致，同意延續工作合約。延續
的工作合約從____年___月___日起生效，並重新確定以下新的合約條款：

　　一、合約期限

　　延續的工作合約期限採取以下第_____種方式：

　　1. 有固定期限：從____年___月___日起到____年___月___日止。

　　2. 無固定期限：從____年___月___日起到法定的或本合約所約定的終止
條件出現時止。

　　3. 以完成一定的工作為期限：從____年___月___日起到工作任務完成時
止，並以為工作任務完成並終止合約的標誌。

　　二、雙方認為需要明確的其他事項：

　　除上述條款外，原合約的其他條款仍然有效，雙方同意一併履行。

甲方：（蓋章）　　　　　　　　　　乙方：（簽名）

法定代表人：　　　　　　　　　　　或委託代理人：

年　月　日　　　　　　　　　　　　年　月　日

鑑證機構：（蓋章）

鑑證人：

鑑證日期：　　年　　月　　日

</td></tr>
</table>

　　⑶續訂工作合約後，用人單位應將雙方重新簽訂的工作合約或

《延續工作合約協議書》（附原工作合約）一式兩份，送有管轄權的工作合約鑑證機構進行鑑證，並到社會保險經辦機構辦理社會保險延續手續。

續訂工作合約中有一個問題，就是該如何對待無固定期限，請參看資料鏈結：續訂工作合約——對無固定期限工作合約的誤解。

11 想要變更工作合約，一定要簽訂變更協定

（案例）

趙某擔任某公司程式開發員，每月工資為 9000 元。後來由於公司效益不好，再加上趙某在平時工作中表現也不是很上進，於是公司與趙某協商，希望將趙某工資降低到 6000 元，如果趙某不同意，公司只能與其解除工作合約。趙某感覺自己一時也無法找到合適並且這麼高工資的工作，於是同意了公司的要求，但雙方並沒有變更工作合約。

趙某感覺自己在公司無法長久呆下去，於是也開始留意找新的工作，過了 3 個月，趙某找到新的一家單位，月工資 12000 元。於是趙某以公司未及時足額支付勞動報酬為由，提起仲裁，要求解除工作合約，支付經濟補償金，補足少支付的工資。

在審理的過程中，儘管公司提出雙方已經就工資降低的事實達成了一致意見，但由於趙某否認，而公司又沒有書面的證

據，於是勞動爭議仲裁委員會裁決該公司解除工作合約，支付趙某經濟補償金及少發的工資。

（說明）

《工作合約法》第 35 條明確規定，工作合約的變更必須採取書面形式。用人單位如果與工作者就工資待遇情況進行變更，必須採取書面形式。否則一旦發生糾紛，用人單位又無法提供證據，只能面臨敗訴的境地。在本案中，用人單位正是沒有與趙某簽訂書面的變更協定，導致勞動爭議仲裁委員會不但支持了趙某補發工資的要求，還裁決用人單位支付趙某經濟補償金。

如果用人單位在與趙某就變更工資達成一致後採取書面形式簽訂變更協議，就不會出現敗訴的問題了。

12 必須設置錄用條件，並且證明員工不符合錄用條件，才可以與試用期內的員工，解除工作合約

（案例）

2008 年 1 月 20 日，孫某被一家軟體公司錄用為銷售部經理助理，雙方簽訂了 2 年的固定期限工作合約，並約定了 2 個月的試用期。孫某入職一段時間後，公司認為其工作態度十分認真，但專業知識和業務水準都不理想，與招聘時對空缺崗位

的要求存在很大差距。2008 年 3 月 6 日，該公司以孫某在試用期被證明不符合錄用條件為由，決定解除與孫某的勞動關係，並不予支付任何經濟補償。孫某認為，自己工作積極努力，專業知識和業務水準也正在快速提高，公司在未對其進行任何考核，也沒有任何考核標準的情況下，片面地認為自己不符合錄用條件，解除勞動關係是不合法的。於是孫某向仲裁委員會提出申訴，要求該軟體公司向其支付經濟補償。勞動爭議仲裁委員會經調查審理後，裁定該軟體公司與孫某解除勞動關係屬於違法行為，對孫某的申訴請求予以支援，要求該軟體公司向孫某支付雙倍賠償金。

（說明）

　　用人單位與工作者訂立書面工作合約，並依據工作合約期限長短約定不同的試用期，主要是為了考察所招用的工作者是否符合用人單位所提出的要求和標準。在試用期內，如果工作者符合用人單位的錄用條件和標準，雙方將繼續履行訂立的工作合約；如果工作者被證明不符合用人單位提出的錄用條件和標準，或不能勝任工作合約中約定的工作或崗位，用人單位可以與其解除工作合約。

　　本案中，該軟體公司招聘時沒有講明具體錄用條件，對空缺崗位也沒有明確的崗位說明，並且也未提出相應的考核標準對孫某進行考核。因此，公司不能以領導主觀判斷其「專業知識和業務水準與招聘時對空缺崗位的要求存在很大差距」為由解除孫某的勞動關係。值得注意的是，企業對於員工是否符合錄用條件的考核必須在試用期內；若超過試用期，即便員工的考核結果不能達到要求，企

業也不能以試用期內不符合錄用條件為由解除工作合約。

13 公司首先向工作者要提出解除工作合約的，應當支付補償金

（案例）

員工與公司簽訂了為期四年的工作合約，工作兩年以後，由於經常生病，承受不了工作的壓力，並且覺得工資低，便準備辭職。公司看他有辭職的想法，就提出解除工作合約，員工同意了公司的要求，雙方協商一致解除工作合約。工作合約解除後，要求公司支付經濟補償金，但公司認為雙方協商一致解除工作合約，不需要支付經濟補償金。員工又提起仲裁，最後勞動爭議仲裁委員會裁決公司支付高某兩個月的經濟補償金。

（說明）

公司雖然與高某協商一致解除工作合約，但由於是公司首先提出解除工作合約的，因此按照法律規定，公司應當支付經濟補償。在本案中，如果是員工主動提出解除工作合約，公司就不需要支付補償。

14　因員工違紀解除合約的操作流程技巧

因員工違紀解除工作合約，指由於工作者自身存在過錯而使用人單位有權隨時解除工作合約，又稱為過失性解除工作合約。

對於因員工違紀而解除工作合約的情況，用人單位在做出解除工作合約的決定之前，必須證據確鑿。否則，一旦被認定為違法解除工作合約，用人單位將支付雙倍的經濟補償金，用人單位損失將很大。

一、在試用期間被證明不符合錄用條件的，用人單位可以與工作者解除工作合約

用人單位以員工不符合錄用條件為由解除工作合約時，需要注意以下幾點：

1. 必須設置錄用條件。

錄用條件，是指用人單位在招用工作者時，依據崗位要求所提出的具體標準。用人單位針對不同的工作崗位向工作者提出的錄用條件和標準各不相同。

用人單位要想證明工作者試用期間不符合錄用條件的前提就是必須有錄用條件，如果連錄用條件都沒有，根本就沒有辦法證明工作者不符合錄用條件。

2. 必須對錄用條件進行公示。

對錄用條件必須進行公示，公示的方式多種多樣，可以是在招聘廣告中，也可以在應聘登記表中，也可以最終寫在工作合約中等。

3.用人單位必須證明工作者不符合錄用條件。

用人單位不但設置了錄用條件，而且必須證明員工在試用期間不符合錄用條件，用人單位要想證明員工在試用期間不符合錄用條件，就必須做好以下幾點：

第一，做好崗位職責及要求的詳細描述。

崗位職責的制定，根據工作任務的需要確立工作崗位名稱及其數量；根據崗位工種確定崗位職務範圍；根據工種性質確定崗位使用的設備、工具、工作品質和效率；明確崗位環境和確定崗位任職資格；確定各個崗位之間的相互關係；根據崗位的性質明確實現崗位的目標的責任。

通過制定崗位職責，可以最大限度地實現勞動用工的科學配置；有效地防止因職務重疊而發生的工作扯皮現象；提高內部競爭活力，更好地發現和使用人才；是組織考核的依據；提高工作效率和工作品質；規範操作行為；減少違章行為和違章事故的發生。

第二，做好試用期的考核工作，考核工作應該詳細、具體、客觀，同時對於表現不好或者有失誤的記錄，最好讓員工簽字確認。

4.必須是在法定試用期內做出是否符合錄用條件的決定

超過了法定試用期就不能以員工不符合錄用條件為由與工作者解除工作合約。

如果用人單位與工作者約定的試用期超過了法定試用期，應該按照規定向工作者支付賠償金。另外在法定試用期外是不可以解除工作合約的，如果解除，就屬於違法解除，要支付賠償金。

15 公司應當與員工協商工作合約的續簽問題

（案例）

　　鄭先生是某公司遊戲開發人員，與公司簽訂了三年的工作合約，2008 年 8 月 10 日工作合約將到期。但在工作合約快到期的時候，由於公司一直沒有就工作合約續簽的問題與隋謀商談，鄭先生擔心到期後公司不與他簽訂工作合約，於是又去其他公司應聘，很快另外一家遊戲公司與鄭先生簽訂工作合約，約定鄭先生於 2008 年 8 月 15 日去該公司上班。鄭先生的合約到期後，鄭先生要求辦理離職手續。由於公司之前忙於業務的事情，並沒有發現鄭先生工作合約到期的問題，但現在鄭先生是遊戲開發的主力程式師，鄭先生一旦離開，公司將損失巨大。於是公司極力挽留鄭先生，並許諾大幅度提高鄭先生的福利待遇，同時向鄭先生的新公司支付了一筆補償金。在鄭先生新公司同意的情況下，鄭先生才同意留下來。

（說明）

　　本案中，公司正是沒有因為提前就工作合約續簽的問題與鄭先生協商，才會遇到這麼大的麻煩。如果公司提前就工作合約續簽的問題進行協商，即使鄭先生不同意留下，公司也可以提前招聘其他人員，不至於打亂工作計畫。

一、應當提前與員工協商是否續簽工作合約

工作合約到期前,用人單位應當提前考慮是否與員工續簽工作合約。如果用人單位決定與工作者續簽工作合約,用人單位就應當提前與工作者就工作合約續簽的問題進行協商,徵求工作者的意見,如工作者是否同意續簽工作合約,工作者對工資待遇的要求等。並不是只要用人單位同意續簽,工作者就一定會續簽,工作者也有可能不同意續簽。在工作者不同意續簽的情況下,用人單位就可以提前進行招聘,以免耽誤工作。

二、如果繼續留用工作者,必須在工作合約到期前就要書面簽訂工作合約

對於工作合約快到期的工作者,如果用人單位與工作者協商同意繼續續簽工作合約,用人單位應當在工作合約到期前就要與工作者簽訂書面的工作合約,最晚也要在工作合約到期後的一個月內簽訂書面工作合約。因為根據規定,用人單位自用工之日起超過一個月不滿一年未與工作者訂立書面工作合約的,應當向工作者每月支付二倍的工資。

對於工作合約到期後,用人單位沒有與工作者簽訂工作合約但仍然繼續留用工作者的,該如何處理?工作合約期限屆滿,因用人單位的原因未辦理終止工作合約手續,工作者與用人單位仍存在勞動關係的,視為續延工作合約,用人單位應當與工作者續訂工作合約。當事人就工作合約期限協商不一致的,其續訂的工作合約期限從簽字之日起不得少於 1 年。

用人單位如果繼續留用工作者,在工作合約到期前,必須與工作者簽訂書面的工作合約,否則就屬於沒有簽訂工作合約,用人單

位就需要支付工作者 2 倍的工資。

用人單位不與工作者續簽工作合約的，最好提前書面通知工作者，並在到期日辦理離職手續

如果用人單位決定不與工作者續簽工作合約，那麼最好提前書面通知工作者。

如果用人單位在工作合約到期前沒有提前書面通知，沒有規定用人單位需要承擔什麼責任。如果地方性法規中有規定的，當地用人單位應該遵循當地的規定。用人單位違反本規定第四十條規定，終止工作合約未提前 30 日通知工作者的，以工作者上月日平均工資為標準，每延遲 1 日支付工作者 1 日工資的賠償金。

用人單位不與工作者續簽工作合約的，應當在工作合約到期日為員工辦理離職手續，不能拖延辦理。如果拖延辦理，按照規定，屬於沒有簽訂書面工作合約，應當支付 2 倍的工資。如果是在北京地區，視為續延工作合約，用人單位應當與工作者續訂工作合約。當事人就工作合約期限協商不一致的，其續訂的工作合約期限從簽字之日起不得少於 1 年。

第 四 章

培訓違約的正確作法

1 讓培訓不再「為他人做嫁衣」

　　隨著跳槽現象也更加普遍，用人單位與工作者之間因培訓費賠償問題而引發的工作爭議也越來越多。實際工作中，很多用人單位由於忽視對公司培訓制度的合理設置，所以，最後造成培訓員工「為他人做嫁衣」的局面，或者沒有追索到本應有的違豹金，就不得不讓員工輕鬆走人，給單位造成嚴重的損失。

　　制度中可以規定，培訓協定中約定的服務期限長於工作合約期限的，工作合約期滿後，單位決定繼續提供工作崗位要求員工繼續履行服務期的，雙方當事人應當續簽工作合約，員工不能拒絕；如果員工拒絕續簽，那麼單位可以向員工追索服務期的違約責任。因續訂工作合約的條件不能達成一致的，雙方當事人應按原工作合約確定的條件繼續履行。繼續履行期間，單位不提供工作崗位的，視

為其放棄對剩餘服務期的要求，工作關係終止。同時，可在企業與員工的工作合約以及培訓協議中規定類似的條款。

對於選取派到國外總部或者股東方培訓的員工，首先，應當明確那些人有這樣的資格，不是隨便一個人都可以的，應當是企業的重點培養對象才可以；其次，一定要簽訂培訓協定，明確此次出國是去參加培訓的，企業是出了培訓費的；再次，可以要求員工定期向企業彙報培訓心得，制度中可以明確這一點。

同時，對於到外國進行培訓的員工，應當在制度中規定清楚，其工作關係到底如何進行處理。一般情況下，如果是長期培訓，那麼可以考慮協商中止國內企業的工作合約，待員工學成歸來再行復工；如果是短期培訓，那麼工作關係可以存續，不能隨意曠工、解除或者終止。

對於在崗進行不勝任情況下的培訓時，同樣存在前面提及的書面材料收集並保留的問題，同樣可以考慮讓員工寫定期培訓彙報，或者由師傅寫好培訓情況，再由員工簽字確認。

如果員工經考核，不能勝任原工作的，企業依法可以進行培訓。如果選擇脫產培訓，則需要在制度中規定清楚其原崗位如何處理。一般可以採取兩種方式進行處理：第一，可以在制度中直接規定，其原崗位由其他員工代理，受培訓員工受訓第一個月享受全額薪資，第二個月起享受生活費，待其培訓結束，回原崗位工作；第二，可以規定雙方另行協商確定。到底採用何種方式，一般根據具體情況來確定。

綜上所述，在明確了具體的培訓目的，選擇了合適的培訓對象，根據實際的培訓需求，制訂出詳細而又合理的培訓計劃後，再

對上述若干事項進行合理配置，如此制定出的員工培訓管理制度，才能最大限度地減少企業在員工培訓管理方面的法律風險，為企業降低不必要的培訓支出，避免不必要的「為他人做嫁衣」培訓，使企業的培訓真正為企業自身的發展服務。

2 員工服務期未滿辭職，應賠償培訓費用

（案例 1）

小高 2007 年進入公司技術部門的工程師，並簽訂了為期 3 年的工作合約。由於小高工作表現很突出，2008 年 12 月公司安排他到加拿大參加一個產品維修培訓。

當時，小高與單位簽訂了一個擔保協定，由小高的妻子為他赴加拿大培訓提供擔保，作為小高的保證人。其中約定，若小高參加培訓後繼續為公司工作未滿 3 年辭職，小高的妻子應負擔保責任，賠償公司為小高培訓而支付的全部費用 5 萬元，培訓責任可按小高進修後回公司的工作服務期遞減，即繼續工作不滿 1 年的賠償 80%，以後每工作滿 1 年，遞減 20%，直至服務期滿不再承擔賠償責任。

小高回國後，於 2009 年 5 月辭職離開單位，該公司就根據當初簽訂的協定要求小高賠償 4 萬元的違約金。小高認為公司的要求不合理，認為公司為他支付的全部培訓費用其實只有來回的差旅費和津貼，而且擔保協議也是該公司的格式合約，小

高及其妻子當時也只有簽字的分兒，所以不願意賠償公司要求的 4 萬元。

雙方就此訴至當地爭議仲裁委員會，結果裁決小高應按當初雙方約定賠償公司 4 萬元。

（說明）

企業為員工進行培訓，提供了相應的培訓費用和培訓條件，支出了大量的財力和人力成本，自然是希望員工能夠長期留在企業，為企業提供服務，能夠為企業的發展作出相應的貢獻。但是，有不少員工在培訓「鍍金」後就想著另攀高枝，拋棄當初培養其花費大量人力財力成本的企業。為了避免企業的合法權益受到侵害，法律賦予了企業在出資培訓的情況下可以要求員工服務滿多少年，並可約定違約金的權利。

公司安排小高赴加拿大參加產品維修培訓，並且簽訂了相關協議。應該說，在這種情況下，對於培訓費成本的界定，法律是比較寬泛的，雖然當時的法律法規沒有明確規定，但是只要是直接用在培訓員工身上的都應當是可以算作公司培訓費的。因此，根據雙方的協定，以及某公司提供的相應培訓費支付憑證，某公司主張 4 萬元並不為過，最終仲裁委員會裁決小高承擔賠償也就在情理之中了。

2008 年公佈實施的條例，對於培訓費的組成進行了明確，其中明確規定，培訓費用包括企業為了對員工進行專業技術培訓而支付的有憑證的培訓費用、培訓期間的差旅費用以及因培訓產生的用於該員工的其他直接費用。可見，上述案例如果發生在該條例頒佈

以後，某公司仍然會勝訴，而且法律依據更加明確。

(案例 2)

鄭某於 2003 年畢業後分配到某電氣公司從事科研工作。2006 年，單位出資派其到國外公司學習，培訓費用為 6 萬元。回國後，鄭某即從事產品開發工作。2007 年 3 月，鄭某與單位簽訂了為期 11 年的工作合約，合約期至 2018 年 3 月終止。2009 年 4 月，鄭某提出調動申請，在本單位沒有同意的情況下，鄭某即到另一公司任職，從事技術服務工作。鄭某離開原單位後，其所負責的產品的生產量、產值、銷售利潤與往年同期相比，分別下降 18 台、110 萬元、38 萬元。2009 年 11 月，鄭某原所在單位以鄭某單方違反工作合約不辭而別為由，到當地爭議仲裁委員會申請仲裁，要求鄭某及另一公司共同承擔本單位直接損失、培訓費、技術引進費、科研投入費用等 350 萬元。

經調解無效，仲裁委員會裁決：鄭某與原所在單位繼續履行工作合約。鄭某與負有連帶賠償責任的另一公司共同承擔鄭某原所在單位直接損失、培訓費、科研投入費用等 26 萬元，其中鄭某承擔 14 萬元。

(說明)

本來，根據相關法律法規的規定，員工提前 30 天書面通知企業即可在沒有任何理由的情況下解除雙方的工作合約，而且不以企業的意志為轉移。換句話說，員工有辭職權，企業卻沒有批准權。

但是，實踐中，有不少員工在給企業的辭職報告中都加入了申

請的語氣，使得原來的辭職通知書變成了協商解除合約的申請書。因此，企業就有了批准權。

本案中涉及的第一個法律問題就在此處。既然某電氣公司沒有同意鄭某的調動申請，那麼鄭某就應當繼續在原單位工作，而不能擅自到另外一家公司上班。鄭某的此種行為已經違反了法律和雙方合約的規定。根據相關法律法規的規定，這種情況下給原單位造成的損失，應當由鄭某和另一家公司承擔連帶賠償責任。

本案中涉及的第二個法律問題在於，某電氣公司出資讓鄭某參與培訓，並與鄭某約定了 11 年的服務期，鄭某未等服務期滿即尋求離職，違反了雙方的約定。違約以後，違約責任的承擔不僅僅是違約金與返還培訓費，企業還可以主張要求員工繼續履行原協議，並賠償因違約給公司造成的損失。

3 試用期內員工切忌「出資培訓」

（案例）

小孫是 2006 年的應屆畢業生，與 XX 公司簽訂了 3 年的工作合約，約定合約期為 3 年，從 2006 年 8 月 1 日到 2009 年 7 月 31 日，其中前 6 個月為試用期。因 XX 公司考慮剛畢業的學生沒有實踐經驗，於 2006 年 9 月份出資送小孫去參加就職培訓。因此雙方又簽訂了 5 年的服務期協定，起始時間與工作合約的起始時間相同，約定如小孫在服務期內解除合約，則需按

約支付違約金 1 萬元。

2006 年 11 月 6 日，XX 公司在討論年終獎問題時，認為新員工為單位創造的效益不明顯，當年不發給年終獎，第二年減半發放，從第三年起全額享受。小孫認為獎金應該與員工的個人業績掛鈎，而不應由工作年限決定，公司的規定不合理。11 月 11 日小孫書面向 XX 公司提出解除合約，11 月 12 日起未到公司上班。

11 月 13 日，XX 公司書面通知小孫公司已經同意他辭職，人事部會依法為他辦理退工等手續，但他應按照約定繳納違約金 1 萬元，被小孫拒絕。11 月 18 日起 XX 公司多次致電、致信給小孫，要求他支付違約金，均遭拒絕。

12 月 30 日 XX 公司向爭議仲裁委員會申訴，要求小孫支付違約金 1 萬元。小孫則認為他現在還在試用期內，解除合約無須支付違約金。

（說明）

單純從員工培訓管理的角度出發，企業就存在以下兩大問題：

首先，試用期內進行提供專項培訓費用的專業技術培訓，並約定了服務期和違約金。這種做法存在法律風險，容易「為他人做嫁衣」。根據《關於試用期內解除工作合約處理依據問題的復函》中的相關規定，員工試用期內解除工作合約的，不視為違約，企業不得要求員工返還培訓費用，支付違約金。因此，案例中 XX 公司的這種做法顯然是不利於自己的。最終的工作爭議仲裁結果肯定是不利於 XX 公司的。

其次，培訓的種類混淆不清。出資讓員工到國外進行培訓，還約定服務期和違約金的，居然稱為「就職培訓」。就職培訓，顧名思義，很容易讓人聯想到入職培訓。而入職培訓是單位的義務，是不能約定服務期和違約金的。因此，XX公司的這種操作同樣存在一些問題，如果員工抓住這一點來做文章，XX公司同樣將面臨敗訴的法律風險。

透過這個案例，就提醒我們大家注意，入職培訓屬於企業義務，不能約定服務期和違約金；提供專項培訓費用進行的專業技術培訓應當安排在試用期滿以後，即使情勢所逼，非要在試用期內安排，也應當先對員工進行提前轉正，以避免不必要的損失。

4 培訓協議示例

培訓協議

甲方：　　　　　　　　　乙方：

法定代表人：　　　　　　身份證號碼：

註冊地址：　　　　　　　戶口所在地：

為增強員工的工作能力，體現以人為本，員工與企業共同生存、共同發展，幫助員工實現職業生涯發展規劃，提高員工專業技能，公司鼓勵員工參加公司組織的培訓。

現就甲方對乙方進行培訓的相關事宜，就雙方之間的權利與義務，經協商一致，雙方本著平等、自願的原則，簽訂如下協定，以

茲共同遵守：

一、培訓內容：＿＿＿＿＿＿＿＿＿＿＿＿＿＿＿＿＿＿

二、培訓期限：自＿＿＿年＿月＿日起至＿＿＿年＿月＿日止。

三、培訓費用：預計＿＿＿＿元，以培訓結束後實際發生為準。

四、培訓地點：＿＿＿＿＿＿＿＿＿＿＿＿＿＿＿＿＿＿

五、乙方保證在培訓期間努力學習，取得優異成績，保證拿到畢業證書/結業證書/職業資格證書。

六、由參加培訓所產生的費用(包括培訓費、食宿費、乘車費用)全部由公司承擔。

七、員工參加培訓期間按正常出勤處理，不影響工資福利待遇的發放。

八、服務期：＿＿＿＿＿＿＿＿＿＿＿＿＿＿＿＿＿＿

服務期限簽訂原則：

培訓費用(總額)	5000 元以下	5000～10000 元	10000～20000 元	20000 元以上
服務年限	1 年	2 年	3 年	4 年

個人的培訓費用確定原則：培訓結束後所發生的費用總額除以參加培訓的所有人數。

培訓完畢後，乙方須為甲方服務＿＿＿＿＿年(大寫)，自＿＿＿年＿＿月＿＿日至＿＿＿年＿＿月＿＿日。如甲方與乙方已簽訂的工作合約中的工作期限短於本服務期的，則該工作合約中的期限自動延長至服務期滿。服務期限內證書由甲方代為保存，當培訓服務期結束後甲方將證書返還乙方。

九、違約責任：

1. 如乙方在服務期內被甲方辭退，則乙方不用承擔培訓費用，培訓證書無條件返還乙方；

2. 如乙方在服務期內自願離職，乙方須返還甲方培訓費用，該培訓費用按服務期均額分攤，以乙方已履行的服務期限遞減支付。結清款項後，培訓證書返還乙方。如乙方未付費擅自離職，甲方依照法律程序追究乙方責任，由此產生的一切後果由乙方負責。

十、此協議作為甲方與乙方已簽訂的工作合約的附件，自雙方簽字後開始生效。

十一、此協議一式兩份，甲乙雙方各執一份。

甲方(蓋章)：　　　　　　　乙方簽名：

法定代表人簽名：

簽訂日期：　　　　　　　　簽訂日期：

5 培訓服務期合約

甲方：

住址：

聯繫電話：

乙方(培訓人員)：　　　　　身份證號：

住址：

聯繫電話：

根據《勞動法》等有關規定，甲乙雙方在平等互惠、協商一致

的基礎上達成如下條款,以共同遵守。

一、培訓服務事項:

甲方根據企業發展的需要,同意出資送乙方參加培訓,乙方參加培訓結後,回到甲方單位繼續工作服務。

二、培訓時間與方式:

1. 培訓時間:自__年__月__日至__年__月__日(共計__天)。

2. 培訓方式:口脫產口半脫產口函授口業餘口自學

三、培訓專案與內容:

1. 參加培訓項目:

2. 培訓主要內容:

四、培訓效果與要求:

乙方在培訓結束時,要保證達到以下水準與要求:

1. 取得培訓機構頒發的成績單、相關證書、證明材料等;

2. 甲方提出的學習目標與要求:

(1)能夠熟練掌握應用專業或相關理論知識。

(2)具備勝任崗位或職務實踐操作技能和關鍵任務能力。

(3)其他要求:

五、培訓服務費用:

1. 費用項目、範圍及標準:

(1)培訓期內甲方為乙方出資費用項目包括:工資及福利費、學雜費、教材費、往返交通費、住宿費等。

(2)費用支付標準:

①工資:享受相應崗位級別工資標準。

②福利:保險按甲方統一規定標準執行。

③學雜費：RMB___元。

④教材資料費：RMB___元。

⑤往返交通費：依甲方《財務報銷管理制度》實施執行。

⑥住宿費：□依甲方《財務報銷管理制度》實施執行。□培訓機構 RMB___元。

⑦生活補助費：RMB___元/月。

⑧其他費用項目‧RMB___元。

⑨培訓費用合計：RMB___元。

2. 費用支付的條件、時間與期限：

(1)滿足本協議第四條各款約定，甲方向乙方應支付出資費用範圍內全部培訓費。

(2)工資及福利性費用發放：

□按月發放　　□分學期發放　　□培訓結束後一次性發放

□隨甲方統一發放　　□分次預借發放

(3)其他費用包括學雜費、教材資料費、交通費、食宿費、通訊費等：

□分期預借報銷　　　□一次性預借報銷

□分次憑票報銷　　　□一次性憑票報銷

(4)所有培訓費用的報銷支付在培訓結束後一個月內辦理完畢，過期後由乙方自行負擔。

六、甲方責任與義務：

1. 在培訓前與乙方簽定勞動用工合約，確立勞動關係。

2. 保證及時向乙方支付約定範圍內的各培訓費用。

3. 保證向乙方提供必要的服務和條件。

4. 在培訓期間，做好培訓指導、監督、協調和服務工作。

5. 保證在乙方完成培訓任務後，安排在適合的工作崗位或職務，並給予相應的工資待遇（可明確）。

七、乙方責任與義務：

1. 保證完成培訓目標和學習任務，取得相關學習證件證明材料。

2. 保證在培訓期服從管理，不違反甲方與培訓單位的各項政策、制度與規定。

3. 保證在培訓期內服從甲方各項安排。

4. 保證在培訓期內定期向甲方溝通，彙報學習情況。

5. 保證在培訓期內維護自身安全和甲方一切利益。

6. 保證在培訓期結束後，回到甲方參加工作，服從甲方分配，勝任工作崗位（或職務），服務期限達到___年以上。

八、違約責任：

1. 發生下列情況之一，乙方承擔的經濟責任：

(1)在培訓期結束時，未能完成培訓目標任務，未取得相應證書證明材料，乙方向甲方賠償兩倍的全部培訓成本費用（全部培訓成本費用包括甲方出資全部培訓費用和因乙方參加培訓不能為甲方提供服務所損失的機會成本）。

(2)在培訓期內違反了甲方和培訓單位的管理和規定，按甲方和培訓單位獎懲規定執行。

(3)在培訓期內損壞甲方形象和利益，造成了一定經濟損失，乙方補償甲方全部經濟損失。

(4)培訓中期自行提出中止培訓或解除勞動用工合約，乙方向甲

方賠償兩倍全部培訓成本費用和工作合約違約補償金。

(5)培訓期結束回到甲方工作後，未達到協議約定的工作年限，乙方賠償部份培訓費用：

最低服務工作年限為＿＿年以上，第一年離職賠償＿＿％；第二年離職賠償＿＿％；第三年離職賠償＿＿％；第四年離職賠償＿＿％；第五年離職賠償＿＿％。

2. 發生下列情況之一，甲方承擔的經濟責任：

(1)甲方未按約定向乙方支付全部或部份培訓費用，按協定向乙方支付培訓費用。

(2)因甲方原因提出與乙方終止培訓協議或解除勞動用工合約，向乙方支付工作合約違約補償金。

(3)發生違約情況時，除補償經濟損失外，另一方可提出解除培訓協議或終止勞動用工合約。

九、法律效力：

本協議自雙方簽字蓋章之日起生效。

十、附則：

1. 未盡事宜雙方可另作約定。

2. 本協議一式二份，甲、乙雙方各執一份。

甲方：　　　　　　　　　乙方：

＿＿年＿＿月＿＿日　　　＿＿年＿＿月＿＿日

6 用人單位要求員工承擔違約金

在工作者違反約定的時候，用人單位就可以要求工作者支付違約金，至於違約金的數額，並沒有統一的規定，訂立工作合約可以約定工作者提前解除工作合約的違約責任，工作者向用人單位支付的違約金最多不得超過本人解除工作合約前 12 個月的工資總額。只有在以下兩種情形下，用人單位才能與工作者約定違約金，除此之外，用人單位不能與工作者約定由工作者承擔違約金。

用人單位為工作者提供專項培訓費用，對其進行專業技術培訓的，可以與該工作者訂立協定，約定服務期。如果工作者違反服務期約定的，應當按照約定向用人單位支付違約金。

但用人單位必須注意以下幾點：

1. 用人單位必須提供專項培訓費用

用人單位必須提供的是專項培訓費用，發生了費用。比如從外國引進一條生產線，必須有能夠操作的人，為此把工作者送到國外去培訓。用人單位對工作者進行必要的職業培訓不可以約定服務期。比如上崗前必要的職業培訓就不可以約定服務期。

2. 培訓的形式

至於培訓的形式，可以是脫產的、半脫產的，也可以是不脫產的。

3. 培訓的費用的確定

究竟哪些算作培訓費用，包括用人單位為了對工作者進行專業

技術培訓而支付的有憑證的培訓費用、培訓期間的差旅費用以及因培訓產生的用於該工作者的其他直接費用。

所謂有支付憑證的培訓費用，指的是用人單位支付給培訓單位的有支付憑證的培訓費、學費、課本費等。支付憑證主要指發票、收據等。

培訓期間的差旅費主要指培訓期間的交通費、住宿費、伙食費等。

因培訓產生的用於該工作者的其他直接費用指的是培訓期間用人單位支付的其他補貼、用人單位因培訓而支付的其他直接費用等，不包括因培訓而產生的間接費用。例如如果用人單位因派工作者培訓而造成工作的延誤，因此而給用人單位造成損失，該損失就不屬於因培訓產生的用於該工作者的其他直接費用。

需要提醒用人單位的是，用人單位必須與工作者簽訂了服務期協定，如果用人單位沒有與工作者簽訂服務期協定，即使用人單位為工作者提供了專項培訓，也不得要求違約金。

4.服務期限

至於服務期限，並沒有做任何限制，應當理解為服務期的長短由雙方當事人協商確定。因此，需要提醒企業的是，服務期儘量不要太短，但是用人單位應當按照工資調整提高工作者在服務期間的勞動報酬。

5.違約金的數額

違約金的數額不得超過用人單位提供的培訓費用。用人單位要求工作者支付的違約金不得超過服務期尚未履行部份所應分攤的培訓費用。

(案例 1)

用人單位不能與工作者隨意約定，培訓費用由工作者承擔違約金

林某與公司簽訂了為期 3 年的工作合約，公司在工作合約中與林某約定，公司將對林某進行為期 10 天的上崗培訓，由公司內部各個部門負責人進行，包括公司的文化、公司的有關歷史資料、崗位的有關必備知識，如果林某在合約期間提前離職，需要向公司支付 10000 元的違約金。過了試用期後，由於林某認為工作不適合他，又找到一份新的工作，於是提前 30 天書面通知公司，要求解除工作合約，公司同意解除工作合約，但要求林某支付 10000 元的違約金，林某不同意支付。公司於是提起勞動仲裁，勞動爭議仲裁委員會最後裁決駁回公司的仲裁請求。

(說明)

公司雖然對林某進行了培訓，但這種培訓並不屬於專項培訓，只是上崗前的必要的職業培訓，因此公司與林某約定違約金是違法的。

(案例 2)

違反服務期協定的，工作者將支付違約金

公司出資 5 萬送小黃去國外培訓，小黃與公司簽了為期 5 年的服務期合約。合約約定，如果小黃提前辭職，將向公司支付 5 萬元的違約金，工作半年以後，小黃提出辭職，公司要求

他按照合約上約定支付 5 萬元的違約金，雙方由此發生爭議。公司提起勞動仲裁，勞動爭議仲裁委員會裁決小黃支付公司 4 萬元的違約金。

（說明）

用人單位與工作者可以在不違法的前提下約定違約責任。為了防止用人單位濫用違約金條款，工作者違反專業技術培訓服務期約定的，應當按照約定向用人單位支付違約金。違約金的數額不得超過用人單位提供的培訓費用。用人單位要求工作者支付的違約金不得超過服務期尚未履行部份所應分攤的培訓費用，因此小黃需要賠償公司 4 萬元。

需要提醒用人單位的是，除在培訓服務期約定以及競業限制約定中可以約定工作者的違約金兩種情形外，用人單位不得與工作者約定由工作者承擔違約金，或者以賠償金、違約賠償金、違約責任金等其他名義約定由工作者承擔違約責任。

心得欄 ------------------------------

第 五 章

規章制度的利器

1 嚴重違反公司規章制度，用人單位可與工作者解除工作合約

用人單位以工作者嚴重違反規章制度為由與工作者解除工作合約的，必須注意以下幾點：

1. 用人單位規章制度的制定必須符合法律規定

用人單位制定的規章制度必須符合法律法規的規定，如果用人單位的規章制度違反了法律法規規定，損害了工作者權益的，根據規定，可以與用人單位解除工作合約，在此種情況下，用人單位仍然需要支付經濟補償金。

2. 何為「嚴重違反」

應當根據勞動法規所規定的限度，用人單位不能無限制的擴大。一般應當由規章制度或用人單位自由裁量決定，但不論是由規

章制度直接規定的，或是用人單位自由裁量的，都應當符合正常情況的一般性評判標準，而不能任意規定或裁量。例如，違反操作流程、故意損害生產設備、不服從用人單位正常的管理、無理打架等可以視為嚴重違反規章制度，但是某員工偶爾上班遲到幾分鐘，用人單位就不能視其為「嚴重」違反自己的規章制度。如果非常細小的差錯都被認定為嚴重違反規章制度，可能就被認定為無效。

3.如何認定工作者的行為嚴重違反用人單位的規章制度

在公司的規章制度對工作者有約束力的前提下，用人單位要以工作者違反自己的規章制度為理由來解除工作合約，依據法律法規的規定，工作者違反用人單位的規章制度的行為程度必須達到「嚴重」。只要工作者的行為符合的嚴重違反用人單位規章制度的情形，用人單位就可以以此為理由與工作者解除工作合約。

對於哪些屬於嚴重違反規章制度的情形，用人單位必須事先在規章制度中做出規定，如果用人單位在規章制度中沒有做出規定，就不能以此為理由解除工作合約。

4.常見的嚴重違反用人單位規章制度的情形。

具體哪些情形屬於嚴重違反規章制度的情形，每個單位要根據本單位的實際情況來制定，並不僅限於以下情形，比較常見的嚴重違反規章制度的情形有：

(1)涉嫌違反及構成犯罪的行為：

①盜竊同事或單位財物者。

②聚眾鬧事妨害正常工作秩序者。

③故意毀壞單位財物，金額較大者(具體數額由單位自行決

定）。

④利用職權受賄或以不正當手段謀取私利者。

⑤嚴重違反各種安全制度，導致重大人身或設備事故者。

⑥利用單位名義招搖撞騙，使公司蒙受名譽或經濟損失者。

⑦偽造公司公文或者公章者。

⑧經公檢法部門給予行政拘留、勞教、判刑處理者。

(2)違反單位考勤制度的行為：

①一個月內遲到、早退累計超過 6 次(含)以上者。

②連續曠工 5 天或一年內累計曠工 10 天以上者。

③在工作時間睡覺或擅離職守，導致公司蒙受重大損失者。

④無故曠工未向領導彙報給企業造成重大損失(5000 元以上)者。

(3)違反公司員工日常行為規範及工作紀律的行為：

①故意違反公司員工行為規範，給公司形象或者利益造成重大損害者。

②因違反公司員工日常行為規範被記大過或給予警告 3 次以上(包括 3 次)者。

③上班時間長時間從事非工作範圍內的活動，被發現經批評仍不悔改且有 3 次以上的類似行為者。

(4)違反單位誠信保密制度的行為：

①虛報工作成績騙取公司獎勵或者規避公司懲罰者。

②遺失重要公文未及時彙報者。

③故意撕毀公文者。

④故意洩漏重要商業秘密者。

⑤隱瞞重要事實或者提供虛假材料騙取公司提拔者。

⑥打聽他人收入或者將自己的收入透漏給他人的。

(5)影響生產秩序及侵害公司利益的行為：

①在外從事第二職業或其他非法經營活動者。

②借用公司名義承攬業務謀取私利者。

③非法收受商業賄賂或者回扣者。

④非法煽動罷工、怠工，影響生產秩序者。

⑤工作嚴重失誤導致公司大量產品不合格或者其他導致公司利益重大損失者。

(6)違反公司員工管理制度的行為：

①拒不服從單位正常工作調動者。

②不服從上級指揮，目無領導，頂撞上級，而影響公司指導系統的正常運作，情節嚴重者。

③造謠生事，捏造虛假事實，導致其他員工降薪、降職或受處分者。

④利用職權，散佈虛假資訊或者擅自發佈命令，擾亂公司正常管理者。

2 制定規章制度要符合相應的法定流程

（案例）

　　郭某是一家電容器廠的職工，至今已有近 20 年的工齡。該電容器廠為加強內部職工管理，制定了一系列的規章制度。其中一條規定，廠裏的在職職工，平時在廠內不許打架鬥毆，否則，將被永遠開除出廠，終止一切待遇。2008 年 2 月。一直表現不錯的郭某，在工作中因為與同事趙某的一點摩擦發生糾紛，郭某打了趙某一拳，但在周圍其他同事的竭力勸阻下，事態很快平息。幾天後，已將此事忘到腦後的郭某，突然被廠人事部門找去談話。該人事部一位負責人稱，郭某打人事件雖然很快得到平息，也沒有產生多大負面影響，但為嚴肅廠紀，經廠領導研究決定，還要對其作開除處理。隨即，他們就讓郭某在一份處分決定書上簽字。郭某以廠裏規定的「廠規」沒有經過職工代表大會通過，不合法，不能作為解決勞動糾紛的依據為由，提起仲裁。勞動爭議仲裁委員會經審理查明，該電容器廠制定的廠規，僅是廠裏擬定後公佈實施的；未經過廠裏的職工代表大會審議通過，它在程式上是不合法的，不具備任何法律效力。

　　另外，庭審中，郭某的代理人還當庭出示了該廠 30 多名職工的聯名信。聯名信認為，廠裏草率開除一個工作能力和平時表現都還不錯的老職工。不合情理。最後勞動爭議仲裁委員會

支持了郭某的仲裁請求，裁定恢復郭某的勞動關係。

（說明）

　　本案電容器廠之所以敗訴，是因為電容器廠在制定規章制度時，沒有經過合法程式，沒有與職工代表大會討論，該規章就不能作為處罰職工的依據。因此，公司今後在制定規章制度時，一定要注意程式合法。

①先民主程序

　　用人單位制定規章制度時，應當將規章制度草案交由職工代表大會或者全體職工討論。如果用人單位有職工代表大會的，可以交職工代表大會討論，沒有職工代表大會的，交全體職工討論，職工代表或者職工可以提出意見和建議。這個過程，我們可以稱之為民主程序。

②後集中程序

　　經過職工代表大會或者全體職工的討論，肯定會提出不少意見和建議，企業在聽取職工代表或者職工的意見和建議後，應與工會或者職工代表平等協商確定。這個過程稱之為「集中程式」。需要強調的是，過去在大多數企業的觀念中，規章制度屬於用人單位單方面的權力，企業可以隨意地制定規章制度，工作者只有遵守的義務，沒有參與的權利。而《工作合約法》關於規章制度制定的程式卻確定為「與工會或者職工代表平等協商確定」，這就意味著企業規章制度制定權由企業單方面行使變成了企業與員工共同協商確定。

③規章制度和重大事項決定的異議程序

用人單位制定的規章制度，既要符合法律、法規的規定，也要符合社會道德。實踐中有些企業制定的規章制度非常的不合理，比如限制員工一天只能上幾次廁所，每次上廁所的時間不能超過多少分鐘，每頓飯必須在幾分鐘之內吃完等。這些雖然沒有違反法律法規的規定，但由於制定得不合理，在規章制度和重大事項決定實施過程中，工會或者職工認為不適當的，有權向用人單位提出，通過協商予以修改完善。

因此建議企業在制定規章制度時，應該召開職工代表大會或者全體職工大會，與職工代表大會或者全體職工進行討論、協商，企業應該保存好開會記錄，將開會的決議結果由參加會議的代表簽字確認。

規章制度中的內容合法、合理，不得違反國家法律法規的規定。

3 企業規章制度要明示員工

（案例）

某工廠規章制度中規定，職工每天上廁所不得超過 4 次，每次不得超過 5 分鐘，違反一次，罰款 50 元，違反兩次，予以開除。職工余某因為身體不適，連續 3 天，每天上廁所都七八次，每次都超過了 5 分鐘，最後該工廠將餘某開除。餘某不服提起仲裁，最終仲裁委員會認為工廠的規章制度無權限制員工

上廁所的權利，違反了公序良俗，不能作為審理的依據，其開除行為違法，裁決該工廠賠償餘某 8000 元。

（說明）

上廁所是人正當的權利，企業不能在規章制度中予以限制，企業限制員工上廁所的做法是十分荒唐的，因此不能作為審理的依據。該工廠的做法是違法的，屬於違法解除工作合約。

向工作者公示或者告知工作者，這是制定規章制度中最重要的一步。

公示原則是現代法律法規生效的一個要件，作為企業的規章制度更應對其適用的人群公示，未經公示的企業規章制度，對職工不具有約束力。就像法律的生效一樣，不能秘而不宣也不能言出法隨，更不可隨意通知一下讓公眾大概有一個瞭解，而必須依法定的方法和方式公開。一個擁有生殺予奪的主權國家在如今都必須依照一定的程式頒佈法律，更不用說一個企業，哪怕是富可敵國的企業。

至於公示或者告知的方式根據實踐經驗，實踐中一般可採取如下方法：

①公司網站公佈：在公司網站或內部局域網發佈進行公示。

採取這種方式，一旦發生糾紛，舉證比較困難，用人單位雖然能夠舉證規章制度在網站上公佈，但很難證明規章制度是什麼時候上傳到網站上去的，而且工作者一旦否認上過公司網站或者雖然上過公司網站，但沒有看見過規章制度，用人單位就會非常被動。

②電子郵件通知：向員工發送電子郵件，通知員工閱讀規章制度並回復確認。

電子類證據取證非常困難,而且在司法實踐中,電子類證據能否作為證據被認定,實踐中各個法院的做法也不一致。

③公告欄張貼:在公司內部設置的公告欄、白板上張貼供員工閱讀。這種方式,一旦發生訴訟,用人單位舉證也將非常困難。

④員工手冊發放:將公司規章制度編印成冊,每個員工均發放一本,並且讓員工簽字確認。

這是一種比較好的告知的方式。

⑤規章制度培訓:公司人力資源管理部門組織公司全體員工進行公司規章制度的培訓,集中學習。

⑥規章制度考試:公司以規章制度內容作為考試大綱,挑選重要條款設計試題,組織員工進行開卷或閉卷考試,加深員工對公司規章制度的理解。

⑦規章制度傳閱:可將規章制度交由員工傳閱。

用人單位組織單純的將規章制度交由員工傳閱,可能並不能起到太好的效果,如果用人單位採取規章制度培訓和考試的方式,不但可以使員工充分地瞭解本單位的規章制度,而且可以保存相關記錄,一旦發生糾紛,員工也無法否認。

⑧作為工作合約的附件,在工作者與用人單位簽訂工作合約時,讓工作者簽字確認。但用人單位一旦採取這種方式,也會有法律風險,其風險就在於用人單位在修改規章制度的時候比較麻煩。企業一旦將規章制度作為工作合約的一部份,規章制度就失去了獨立的法律效力,只能作為工作合約的一部份,企業修改規章制度就意味著需要修改工作合約,而用人單位變更工作合約應該與工作者協商,如果工作者不同意變更,用人單位必須按照原來的勞動條款

履行。如果企業不將規章制度作為工作合約的附件，那麼工作合約和規章制度各自獨立，工作合約和規章制度的修改程式是不一樣的，規章制度的修改程式和要求要遠遠複雜于工作合約的修改程式和要求，用人單位只要按照法定程式修改規章制度，規章制度就發生效力。但如果用人單位將規章制度作為工作合約的附件，那麼用人單位在制定新的規章制度時，如果部份工作者不同意修改，那麼用人單位只能是同一個單位，實行兩種規章制度，同意的工作者按照新的規章制度執行，不同意的工作者按照舊規章制度執行，這樣對用人單位的管理帶來極大的不便。

規章制度是否公示對勞動爭議案件的處理影響極大，直接關係到勞動爭議案件的勝敗。根據實踐經驗，從便於用人單位舉證角度出發，規章制度的公示需注意以下操作細節：發放員工手冊必須有員工簽收記錄，規章制度培訓必須保留培訓人員的簽到記錄，規章制度考試應當將試卷作為員工檔案資料保存。另外，還可在入職登記表或工作合約中約定：本人已經充分閱讀公司規章制度，願意遵照執行。推薦用人單位採用讓員工簽字確認的方式，或者用人單位組織員工進行規章制度培訓及考試的方式。從舉證角度考慮，不推薦網站公佈法、電子郵件通知法、公告欄張貼法，因為這三種公示方式都不易於舉證。

（案例）

高某 2008 年 1 月入職一電子公司，雙方簽訂了一份為期 3 年的工作合約，合約中特別約定：如違反公司規章制度，情節嚴重，公司有權提前解除工作合約，且無需支付經濟補償金。

至於哪些情形屬於情節嚴重，公司並沒有告知員工。2008 年 9 月 10 日，高某接到公司的一份解雇通知，解雇理由是高某因為一個月內累計遲到三次，要求高某必須在兩個小時內交接好離職手續。高某不服，提起勞動仲裁。

在仲裁中高某主張，他一直不知道公司有該規定，公司從未將規章制度的內容向其公示，公司稱規章制已經在中層幹部會議上宣佈通過並且對全體員工有效，但確實沒有向員工公佈。最後勞動爭議仲裁委員會裁決公司解除勞動關係違法，恢復與高某的勞動關係。

（說明）

在本案中，暫且不論公司規章制度規定遲到三次以上單位就可以解除工作合約是否合理，單從程式上說，公司敗訴是確定無疑的。根據《最高人民法院關於審理勞動爭議案件適用法律若干問題的解釋》第 19 條規定，規章制度未公示的，不能作為人民法院審理勞動爭議案件的依據。

本案中公司根本沒有向員工公佈規章制度，其依據規章制度的有關規定解除工作合約將不能得到支持。

用人單位在制定規章制度時，一定要注意，不但要符合實體要件，而且要符合程式要件，做到內容不違反法律法規的規定，程式符合法律法規的要求。我們建議用人單位在制定規章制度時，最好聘請專業的律師制定，因為規章制度好比一個企業的基石，是企業管理的依據，稍微疏忽，就可能給企業帶來極嚴重的後果，甚至是滅頂之災。

4　企業規章制度的制定步驟

一套好的企業規章制度不是企業領導拍腦袋想出來的，也不是專家憑空想像出來的，而是企業結合自身的特點，在多年的企業管理過程中，針對過去企業管理過程中出現的問題以及在未來可能出現的問題，在總結經驗和教訓的基礎上制定出來的。因此企業制定規章制度必須結合企業自身的特點和需求，一般來說，規章制度的制定需要經過以下步驟：

(1)提出制定規章制度的建議

一般來說，規章制度制定或者修改的建議，都是由公司人力資源部門或者相關部門提出，如為什麼制定規章制度，規章制度需要規定哪些方面的內容，制定規章制度後將起到什麼作用等。

(2)決定是否制定規章制度

公司有關部門就規章制度提出建議後，公司最高決策層應當就是否制定規章制度做出決定，如果決定制定規章制度，應當確定負責制定規章制度的部門、有關負責人及制定規章制度的時間安排。

(3)起草草案

公司決定制定規章制度後，負責規章制定的部門應當對結合企業本身的特點起草出符合本單位實際情況的草案。我們建議，由於規章制度的制定是一項非常專業性的工作，為了保證制定出的規章制度符合法律需求，用人單位最好聘請專業的律師起草，企業內部人員把企業自身的特點及需求告知專業律師，這樣可以保證制定出

的規章制度既符合企業需求，又符合法律規定。

(4)徵求職工意見

由於規章制度是今後對員工的管理制度，關係著員工的切身利益，在制度制定過程中讓員工參與進來，充分地聽取和吸收員工對規章制度的有益建議，對於今後更好地管理員工將起到重要作用。而且《工作合約法》明確規定：「用人單位在制定、修改或者決定有關勞動報酬、工作時間、休息休假、勞動安全衛生、保險福利、職工培訓、勞動紀律以及勞動定額管理等直接涉及工作者切身利益的規章制度或者重大事項時，應當經職工代表大會或者全體職工討論，提出方案和意見，與工會或者職工代表平等協商確定。」

(5)根據意見修改定稿

通過徵求員工意見，對於員工合理的建議，用人單位應當積極採納，對於員工不合理的建議，用人單位也應當向員工解釋為什麼不採納，這樣今後便於對員工進行管理。最終，企業與工會或者職工代表平等協商確定規章制度。

(6)公佈

規章制度制定出來，必須對外公佈，只有公佈後，規章制度才發生法律效力。關於公佈的方式，我們前面已經做了詳細的論述。

5 規章制度應明確其效力範圍

（案例 1）

　　某單位在規章制度中規定，禁止員工在工作時間用公司電話打私人電話。趙某一個月內兩次被發現打私人電話，於是公司以違反公司的規章制度為由與其解除工作合約。趙某不服提起仲裁，要求恢復勞動關係。

　　勞動爭議仲裁委員會經過審理認為，公司規章制度中雖然規定了禁止員工用公司電話打私人電話，但是否嚴重違反公司的規章制度，公司並沒有做出規定，因此，勞動爭議仲裁委員會裁定恢復勞動關係。

（說明）

　　本案中，用人單位之所以敗訴，是因為規章制度中對於員工的禁止性行為並沒有做出處罰性規定，沒有明確員工違反規定後，用人單位如何處理。如果用人單位事先做出明確的規定，比如如果用人單位在規章制度中規定，在上班時間打私人電話屬於嚴重違反公司的規章制度的行為，用人單位發現兩次者，用人單位有權與其解除工作合約，那麼用人單位可能就不會敗訴了。

（案例 2）

　　某公司在 2008 年 6 月 20 日之前的規章制度規定，職工一

個月內累計遲到 6 次，公司有權解除工作合約。2008 年 6 月 20 日公司又頒佈了新的規章制度，新規章制度規定，職工一個內累計遲到達 4 次，公司有權與其解除工作合約。郭某恰巧在 2008 年 6 月遲到 4 次，於是公司根據新規定與郭某解除工作合約。郭某不服，提起仲裁，要求恢復勞動關係。

　　爭議仲裁委員會經過審理認為，郭某雖然遲到 4 次，但前三次遲到都是在 2008 年 6 月 20 日以前，後一次遲到是在 2008 年 6 月 25 日，新的規章制度對原來的行為沒有溯及力，因此公司無權解除工作合約，支持了郭某的仲裁申請。

（說明）

　　對於法律法規中已經明確規定的事項，用人單位規章制度中不需要再作規定，對於法律法規中賦予企業作進一步規定的事項，用人單位可以在規章制度中作進一步明確具體的規定。

　　《工作合約法》規定，在試用期間被證明不符合錄用條件的，用人單位有權與其解除工作合約；嚴重違反用人單位的規章制度的，用人單位有權與其解除工作合約；嚴重失職，營私舞弊，給用人單位造成重大損害的，用人單位有權與其解除工作合約；工作者不能勝任工作，經過培訓或者調整工作崗位仍然不勝任的，用人單位有權解除工作合約。對於怎麼算不符合錄用條件？什麼算嚴重違反用人單位的規章制度？什麼算重大損害？什麼是不能勝任工作崗位？用人單位需要結合本單位的實際情況做出界定。對於這些界定，用人單位必須認真對待。

　　企業規章制度是企業的「法律」，只有做到「法律面前人人平

等」，自覺地依據完善的規章制度實施管理，管理才會是行之有效的。企業職工對規章制度的意見經常表現在執行過程中的不公正，就是對違反規章制度職工處理的標準並不一致，管理者在實施規章制度時帶有非常大的人為因素，從而造成職工對規章制度的反感。

很多用人單位在規章制度中規定了很多員工不得做的行為，禁止員工做的行為等，但對於員工如果違反了這些規定有什麼處罰，並沒有做出規定。如果用人單位在規章制度中對員工違紀行為沒有做出懲罰規定，那麼用人單位就不能有效地管理員工，一旦員工出現違紀，用人單位也無法採取措施來處罰員工。

因此，用人單位應當儘量避免出現沒責任約束的條款，如果用人單位禁止員工從事某項行為，那麼如果員工違反了規定，用人單位一定要在規章制度中對於違反規定的行為做出規定。

6 利用規章制度對違紀員工進行處罰

用人單位在日常的管理過程中經常會遇到各種各樣的員工違紀問題，如何處理違紀員工是一件非常重要的事情。如果沒有按照規定處理，處理太輕，起不到警告和懲罰的目的，今後員工可能會繼續違反規章制度，對其他員工也起不到警告的作用。如果處理太嚴重，可能引起員工過激行為，甚至引起勞動爭議，雙方對簿公堂。因此，如何合法合理地處理違紀員工，避免勞動爭議的發生，達到既懲罰了違紀員工，同時對其他員工起到教育和警告作用，就成為

用人單位需要重點掌握的技巧。

公平、公正是指依據規章制度，同樣的情形，必須做出同樣的處罰，不管是普通員工還是領導，如果違反了公司的規章制度，對於同樣的情形，必須做出同樣的處罰。如果用人單位對於同樣的情形做出不一樣的處罰，那麼用人單位的處罰就很難讓員工服從，甚至引起訴訟。

公開是指對於員工違反規章制度而作的處罰，必須公開進行，不能悄悄進行，如果悄悄進行，其他員工可能會認為單位並沒有對違紀員工做出處罰，對其他員工起不到教育作用，當其他員工再犯同樣的錯誤時，如果單位對其處罰，該員工可能以其他員工並沒有受到處罰作為抗辯。

以事實為依據，要重視證據，嚴格依照規章制度進行處罰。企業規章制度就是企業內部的法律，工作者違反了規章制度，用人單位依據規章制度對工作者進行處罰時，首先，必須有工作者違反規章制度的事實；其次，用人單位要有工作者違反規章制度的證據，該證據既可以是書面的，也可以是口頭的，工作者自己承認的也可以；再次，用人單位必須嚴格依據規章制度對工作者進行處罰，如果處罰太重，將引起工作者的不滿，如果從輕處罰，將使規章制度失去了存在的意義，有法不依，規章制度將失去嚴肅性，對其他人也起不到教育作用。

以教育違紀員工、對其他員工起到警示作用為主，懲罰為輔。用人單位制定規章制度的目的在於，保證企業有序化運作，引導員工正確的行使自己的權利，履行自己的義務。因此，對於員工，應當以教育為主，即使處罰，也應當本著「教育為主，懲罰為輔」的

精神進行，主要是為了教育違反規章制度的員工本人和對其他員工起到警示作用。

1. 違紀發生後，及時搜集證據，對違紀事實進行證據固定。

工作者如果有違反用人單位規章制度的行為，用人單位首先要做的是搜集員工違紀的證據，對證據進行固定。因為時間越長，證據越不容易搜集。

一旦工作者有違紀行為的出現，用人單位就需要立即組織有關人員對員工的違紀行為搜集證據，並需要對證據進行固定。關於用人單位如何搜集和固定證據，用人單位可以採取以下方式進行：

(1)通過一些書面記錄、電子設備進行證據搜集和固定

比如，用人單位的考勤有的是通過人工簽字進行，有的通過電子打卡機。如果通過人工簽字考勤，那麼如果工作者缺勤，就沒有簽字記錄，如果通過電子打開機考勤，員工缺勤，同樣在電子打開機上沒有考勤記錄。

但用人單位需要注意的是，由於今後一旦發生訴訟，工作者有可能否認或者主張用人單位造假，因此，一旦工作者有違反規章制度的行為出現，而用人單位又能夠掌握一些證據，用人單位最好要求工作者對這些行為進行書面確認。

(2)通過其他工作者證人證言及其他設備進行證據搜集和固定

工作者發生違紀行為後，用人單位可以通過搜集工作者周圍同事的證人證言及通過其他設備，例如監控錄影來搜集和固定證據。用人單位需要注意的是，由於監控錄影只能保存一段時間，監控錄

影中一旦有工作者違紀行為的錄影,用人單位最好刻錄下來。

(3)通過與工作者談話,進行電話錄音

根據《最高人民法院關於民事訴訟證據的若干規定》第 68 條和 70 條的規定,只要沒有侵害他人的合法權益,未經對方同意私自刻制的錄音談話資料是可以作為證據使用的。

員工違紀行為發生後,公司在找員工就違紀行為進行談話時,由於讓工作者進行書面確認可能比較困難,但進行談話時,工作者往往否認事實的可能性比較小,用人單位可以將談話過程進行錄音,今後一旦工作者否認,用人單位可以以錄音作為證據。

(4)工作者自認

工作者違反用人單位的規章制度,用人單位應當及時找工作者瞭解情況,要求工作者就違反規章制度的情況寫一個書面報告,並寫明自己的態度,很多單位稱之為「認錯書」。今後一旦工作者再違反規章制度,用人單位可以作為證據使用。

(5)通過一系列證據形成證據鏈

也許單個證據無法直接證明問題,但通過一系列證據組成的證據鏈可以間接地證明。在工作者違反規章制度的行為發生後,如果不能通過直接證據來證明,那麼用人單位可以搜集相關證據組成證據鏈來證明問題。

2.由所在部門及有關部門提出處理意見。

員工發生違反公司規章制度的行為,用人單位應當首先聽取所在部門領導的意見,因為所在部門對該員工最瞭解,也最熟悉員工的情況,由所在部門領導根據公司的規章制度提出處理意見。

3.與違紀員工進行談話，提出處理意見，聽取員工
　意見。

　　用人單位根據所在部門領導提出的處理意見制定出對違紀員工的處理意見。用人單位做出處理意見後，不應當直接公佈，應當將處理意見告訴員工，聽取員工對該處理意見的看法，應當給員工一個申辯的機會，如果員工講得有道理，公司應當修改自己的處理意見。

4.做出處理，並在全公司公佈。

　　對於員工的處理，用人單位最好對外公佈，對其他員工也起到警告和教育作用，同時用人單位需要注意，對於違紀員工的處罰，用人單位最好讓員工簽收，同時單位留存。

（案例 1）

　　充分的證據調查和固定有利於用人單位避免法律風險。

　　員工張某與劉某在車間因為平時的生活瑣事打架，造成當時車間停產，在公司造成的影響非常惡劣。事情發生不久，公司人力資源部門就找張某和劉某談話，但張某一直不承認自己動手打人，張某說是劉某打了他，自己一直沒有動手。人力資源部門通過與當時在場員工調查，很多員工都說是張某先動手打了劉某，為此很多員工寫了證言，同時公司人力資源部門通過調取車間錄影，發現確實是張某動手打了劉某，公司人力資源部門對錄影進行了保存。公司規章制度中明確規定，員工上班期間打架的，屬於嚴重違反公司的規章制度，公司有權與其解除工作合約。公司據此解除了與張某的工作合約。

張某不服提起仲裁，在仲裁中，張某主張自己沒有動手打劉某，但由於公司事先進行充分的證據調查和固定，將員工證言和錄影提交給仲裁機構，爭議仲裁委員會駁回了張某的仲裁請求。

（說明）

本案中，單位之所以能夠勝訴，就是因為用人單位在員工違紀行為發生後，及時搜集和整理證據，對證據進行了固定。

（案例 2）

可以採用錄音方式進行證據固定。

張某在某酒店擔任廚師，有員工反映張某經常偷偷的將酒店的肉、菜帶回家。於是酒店主管就找張某談話，張某表示，自己以前確實經常帶肉、菜回家，主管問張某大約總共帶了多少錢的東西回家，張某表示總共大約帶了 500 元左右的東西回家，張某表示今後自己一定改正，以前帶回家的東西可以從工資中扣除。

酒店規章制度中規定，嚴禁員工私自將酒店物品帶回家，如果超過 500 元，酒店有權與其解除工作合約。酒店於是據此解除工作合約。

張某提起仲裁，在勞動仲裁中，張某先是不承認自己有偷偷帶肉、菜回家的事實，當單位拿出錄音時，張某認為單位未經其同意私自錄音，不能作為證據使用。勞動爭議仲裁委員會詢問張某是否申請錄音鑑定，張某不申請錄音鑑定。勞動爭議

仲裁委員會經過審理後認為，酒店錄音雖然沒有經過張某同意，但可以作為證據使用，錄音的證據可以證明張某有將肉、菜帶回家的事實，根據酒店的規章制度，酒店有權與張某解除工作合約，勞動爭議仲裁委員會駁回了張某的仲裁申請。

（說明）

在本案中，如果讓張某書面承認錯誤，進行書面確認，估計很難，但如果在談話的過程中進行錄音，由於工作者與用人單位還沒有完全處於對立面，工作者很少會否認基本事實，用人單位進行錄音，就可以把事實完整地記錄下來，為今後處理工作者提供依據。本案中，用人單位之所以能夠勝訴，錄音起了最為關鍵的作用。

7　公司的規章制度應具體明確

（案例）

趙某於 2008 年 2 月 10 日領結婚證。2008 年 7 月 10 日趙某應聘到某軟體公司工作。該公司在規章制度中規定晚婚的員工享受 10 天的帶薪婚假。2008 年國慶期間，因為趙某要回家結婚，向公司請婚假，而公司認為趙某結婚是在來公司工作之前，因此不應當休婚假。

於是趙某回家，等回到單位後，單位扣除趙某 10 天的工資，趙某不服，提起仲裁。

勞動爭議仲裁委員會經過審理認為,該軟體公司在規章制度中明確規定晚婚的員工享受 10 天的帶薪年假,而趙某結婚屬於晚婚,雖然公司主張趙某結婚是在來單位之前,但公司並沒有明確規定員工休婚假必須是領結婚證時是本單位職工,因此支援了趙某的仲裁請求。

(說明)

該軟體公司之所以敗訴,就是因為在規章制度中規定不明確造成的,如果該軟體公司規定員工享受婚假的前提是領結婚證時是本單位的職工,就不會敗訴了。因此,用人單位在制定休假制度時,必須非常明確地規定,哪些員工、具備什麼樣的條件才可以享受哪些假期。

8 拒絕加班就辭退,合法嗎

(案例)

2008 年 5 月童裝製衣公司在兒童節前獲得一個大訂單。由於訂貨數量多而且交貨時間十分緊,如果遲延交貨製衣公司將面臨巨額的違約金。為了能夠及時完成訂單任務,公司向全體員工發出緊急通告,在完成該批服裝前,全體員工在除每天 8 小時工作外再加 4 小時的班且週末和節假日一律照常上班。對此吳某等多名員工都不滿意並表示拒絕公司的加班要求並且週

末兩天都沒有參與加班。為此，公司以吳某等員工曠工兩天違反公司規章制度和紀律為由，做出了解除工作合約的決定。吳某等員工不服，申請仲裁。

吳某等員工認為，明確了 8 小時工作制，用人單位沒有任意加班的權力，公司的加班通告違反法律的規定，因此，週末不加班是工作者的權利，公司不能認定為曠工而以違紀解除工作合約。

爭議仲裁委員會認為，公司雖然有需要安排加班的客觀原因，但是從內容和程序上來看其加班的具體安排都違反了法律的規定，因而不屬於合法安排加班。而員工根本沒有遵守違法安排加班的義務，因此曠工認定不成立，公司單方面解除工作合約就屬於違法解除。勞動仲裁委員會支持了工作者的申訴主張，作出了解除通知無效的裁決。

（說明）

本案的焦點在於公司的加班安排是否合法，員工是否必須遵守公司的這一規定。

規定由於生產經營需要安排工作者加班，用人單位需要與工會和工作者協商並經工作者同意。

本案中，該公司認定該員工不服從加班規定構成嚴重違紀，卻因為公司自身的加班規定無效導致嚴重違紀的認定缺乏依據，只能恢復工作關係，繼續履行工作合約。

其實問題就出在加班安排的設定內容和程序上。本案中該公司確實存在因生產經營需要安排加班的客觀原因，但是因對用人單位

安排加班的法律規定不清楚或者是存在理解偏失，導致糾紛發生。

因此，用人單位在安排員工加班時，需要按照勞動規定的加班安排程序來操作並且避免違反其限制性規定。即用人單位由於生產經營需要，經與工會和工作者協商後可以延長工作時間，一般每日不得超過 1 小時；因特殊原因需要延長工作時間的，在保障工作者身體健康的條件下延長工作時間每日不得超過 3 小時，每月不得超過 36 小時。

如果公司因《勞動法》情形之一需要安排員工加班的則不受上述加班程序和時間限制，即公司可不經工作者同意單方安排。

9 健全獎懲制度才是根本

企業應當端正適用獎懲制度的目的。獎懲制度的目的應該是激勵先進，治病救人，最終的目的應該是引導員工走向自律，從而提升整個企業團隊的合力，為企業的發展注入動力。

至於獎懲制度的原則，我們覺得應該是：以事實為依據，以制度為準繩。也就是說，應當要有充分的事實依據和制度準則，才能對員工進行獎勵或者處罰。

獎懲制度的原則與目的，其實寫在制度中並無多大的作用，而是要刻在所有人力資源管理者的腦海中，要植根於人力資源管理者的深處。

目的寫在制度中，如果不能落到實處，不能深入到人力資源管

理者的心裏，那麼這個目的永遠不可能實現，永遠不可能對企業的人力資源管理產生影響。

原則如果不能落到實處，那麼結果是非常可怕的。如果沒有制度準則，或者制度依據無效，那麼企業就無法對員工的行為進行性質界定，是違紀行為，還是正當行為，無法界定；如果沒有充分的事實依據，那麼就不能對員工進行處罰，「莫須有」的罪名是得不到法律認可的。此處，需要注意如下問題。

內容合法合理，是說規章制度的內容應當符合法律的規定，不能違反法律的強制性規定，同時還要符合公眾的認知，不能違反公序良俗。所以，像「禁止同一辦公室的工作人員談戀愛，一經發現視為嚴重違紀，公司將單方解除工作合約，並無須支付補償金」這樣違反規定的條款，像「曠工一天視為嚴重違紀，公司將單方解除工作合約」這樣不合理的條款，都會被司法機關認定為無效條款。

程序的合法有效，是說規章制度的制定、修改流程應當符合法律的規定。對規章制度的制定、修改流程進行了明確規定，修改需要經過全體員工或者職工代表大會的討論，並聽取他們提出的方案，然後需要經過工會或者職工代表協商確定。此時，規章制度算是定稿確定了，但是還不能對員工產生效力，想讓這樣的規章制度對員工產生效力，還需要經過公示，或者告知員工。只有經過這麼一個完整程序的規章制度，才是程序合法有效的規章制度。

隨著大家對法律的學習和瞭解，內容上的合法有效已經不難完成了，現在普遍存在問題的，都是程序上的合法。法律卻偏偏對程序提出了較高的要求。同時，好多企業確實進行了相應的程序，但是缺乏證明企業進行過這些程序的證據。換句話說，企業無法舉證

證明自己已經進行過有關的民主程序、公示程序。需要明確的是，司法機關認可的是證據所反映出的事實（理論上所說的「法律事實」），而不是實際上所發生的事實情況（理論上所說的「客觀事實」），這也是為什麼經常有企業抱怨「有理卻無法走遍天下」的原因。所以企業需要在進行民主程序、公示程序時，搜集保留有關證據，特別是員工簽字確認的一些表單，這些東西非常重要，對於企業日後的管理有著防患於未然、最大限度降低法律風險的作用。

對於事實的認定，從法律上來講，就是看證據所反映出的事實。其他不管誰說的所謂「客觀情況」、「客觀事實」等，都只能作為反應法律事實的一個證據，而不能成為法律事實本身。所以，要想讓司法機關認可企業所說的事實，必須要有大量的有證明力的證據來進行佐證。因此，只有做到將獎懲制度的原則和目的落到實處，深入人心，才能真正將獎懲制度落到實處，也才能最大限度地避免法律風險的出現。

對員工進行違紀處分，員工很可能有自己的看法，所以不一定所有人都能夠完全同意企業的違紀處理決定。這樣，異議處理的規定就顯得非常重要。因為如果不能透過疏導的方式，讓員工的對立情緒得以發洩，那麼很可能給企業帶來意想不到的麻煩。

一般如果員工提出異議，企業人力資源部應當組織有關部門進行覆查，公司如果有工會或者職工代表大會的，可以讓工會或者職工代表參加覆查，並將覆查結果告知員工。這樣讓員工感覺到公司比較重視他，並讓員工明白公司為什麼作出那樣的處分決定，相信員工也就會充分理解並接受公司的決定了。

附則部份是對制度一些附隨性事項的規定。

10 獎懲制度——處理違紀員工的利器

　　一套合法、合理、完備的獎懲制度是用人單位規範化、制度化管理的基礎和重要手段，在企業處理違紀員工的工作中起著至關重要的作用，能有效幫助用人單位預防和應對爭議。在前面的兩個案例中，正是因為企業的獎懲制度對於何謂「嚴重違紀」，以及請假的具體審批程序進行了細化和明確，才使得企業能夠拿出充分的依據來證明自己解除工作合約關係的行為是合法有效的。在訴訟中提供明確的規章制度成為了以上兩個案例中企業制勝的堅實依據。

　　歸納起來，以企業的獎懲制度實現對違紀員工的處理，應注意以下幾個要點。

　　企業要制定一套合法有效的獎懲制度，否則無法實現獎優罰過。制定獎懲制度時，要聽取各部門的意見，儘量詳盡列舉各類獎懲情形，尤其要重點規定何為「嚴重違紀」。員工一旦發生違紀行為，要嚴格執行「以事實為依據，以制度為準繩」的原則。設計的獎懲制度中，要儘量提高解除合約的審批權限，避免隨意解除合約引發的爭議。

　　完善異議申訴制度，允許員工提出異議，透過和緩的方式解決雙方分歧。

（案例 1）

　　2007 年 1 月，某企業以連續曠工 10 天為由，單方面解除

了公司技術研發部副經理吳某的工作合約關係，並及時辦理了退工等相應手續。

2007 年 3 月，吳某向爭議仲裁委員會申請仲裁，要求支付補償金。

（說明）

庭審中，雙方各執一詞：吳某拿出了自己手寫的請假條以及另一名高級管理人員（公司研發部經理宋某）的簽字准假證明，用以證明這期間屬於請事假而非曠工。

而用人單位則出具了曾經經過吳某簽收的《獎懲規定》。該《獎懲規定》明確規定了包括吳某在內的各級員工的請假審批程序，如「三天以上事假申請程序：……經理、副經理請假應當填寫單位統一制定的事假申請表，並經總裁和人事部經理批准，未經批准不得擅自缺勤……」同時，單位還規定了「連續曠工十天以上是嚴重違反規章制度，可以解除工作合約關係」。

據此，爭議仲裁委員會認定：單位的規章制度合法有效，該名員工的請假手續不符合規定，應視為曠工，單位單方解除合約關係的行為屬合法解除。

（案例 2）

一位製造業企業的員工因為要求增加高溫津貼的問題和上司發生了爭議。由於一時情緒難以控制，該員工未經批准離崗曠工，致整條生產線停工 1 天，單位無法按時交貨，不得不承擔延遲交貨的違約金 20 萬元。

　　企業當即決定解除與該名員工的工作合約關係，員工不服，提出了爭議仲裁申請。

（說明）

　　仲裁過程中，單位提供了經員工簽字認可的《獎懲條例》：在違紀行為這一章，包括了未經批准擅自離崗，無故缺勤等情形；更關鍵的是，《獎懲條例》也同時明確規定了關於「嚴重」違反紀律或規章制度的標準，即對公司造成直接損失達到 1 萬元及以上為「嚴重」。

　　由此，案件就變得非常明朗了：企業為其解除工作合約的行為提供了充分合法的依據，履行了完整的舉證義務，員工的訴請被依法駁回。

11　員工獎懲管理的流程

　　獎懲的制度已經制定後，具體獎懲的操作流程：

1. 獎勵的一般流程

具體流程如下：

⑴員工推薦、本人自薦或部門提名，並填寫《員工獎懲建議申請表》（表 5-11-1）；

⑵本部門審核；

⑶人力資源部審核；

⑷公司總經理審批;

⑸發佈《獎懲公告》(表 5-11-2);

⑹接受獎勵申述;

⑺人力資源部實施並下發《獎懲通知單》(表 5-11-3)(受獎當事人);

⑻獎勵檔案人力資源部負責存檔,並填寫《員工獎懲登記表》(表 5-11-4)。

2.懲罰的一般流程

具體流程與獎勵的流程非常類似,具體如下:

⑴員工舉報或部門提議,填寫《員工獎懲建議申請表》(表 5-11-1);

⑵人力資源部組織調查;

⑶公司總經理審批;

⑷發佈《獎懲公告》(表 5-11-2);

⑸接受獎勵申述;

⑹人力資源部下發《獎懲通知單》(表 5-11-3)(受處分當事人);

⑺懲處檔案由人力資源部存檔,並填寫《員工獎懲登記表》(表 5-11-4)。每月、每季、每年人力資源部當統計各部門的獎懲情況,並填寫《員工獎懲統計表》(5-11-5)。

表 5-11-1　員工獎懲建議申請表

編號：　　　　　　　　　　　　　　填表時間：

建議類別	獎勵						
		記大功	小功兩次	小功一次	嘉獎兩次	嘉獎一次	表揚
	懲罰						
		記大過	小過兩次	小過一次	警告兩次	警告一次	警告

被建議人	單位：　　　　　　　姓名：　　　　　　性別：
	職稱：　　　　　　　職務：　　　　　　入職時間：

事實說明	建議人簽名蓋章： 所屬部門： 時間：

本部門意見	

人事核定獎懲依據	

人力資源部經理裁定意見	覆核或會辦	總經理裁定意見

備註：獎懲建議如涉及申請升薪、升職、降級請用《人事異動申請表》處理。

表 5-11-2 　獎懲公告

編號：

各部室組					
單位	職務	姓名	獎懲事由	獎懲辦法	備註

上述各項希即知照行，當事人或者其他員工如有異議，請向人力資源部提出申訴。

此令

表 5-11-3 　員工獎懲登記表

員工編號	姓名	獎懲事項及文號	統計					

表 5-11-4　獎懲通知單

獎懲通知單
＿＿＿＿＿＿＿＿＿＿＿： 獎懲類別： 獎懲事由： 獎懲依據： 獎懲辦法： 此獎懲從＿＿年＿＿月＿＿日起執行，特此通知！ <div align="right">人力資源部</div><div align="right">時間：</div>
獎懲通知單存根
＿＿＿＿＿＿＿＿＿＿＿： 獎懲類別： 獎懲事由： 獎懲依據： 獎懲辦法： 此獎懲從＿＿年＿＿月＿＿日起執行，特此通知！ <div align="right">人力資源部</div><div align="right">時間：</div>

表 5-11-5 員工獎懲統計表

（□月報 □季報 □年報） 填表時間：

受獎懲者			獎懲方式	獎懲事由	獎懲時間	通知單編號
姓名	部門	職位				

12 員工獎懲管理制度範例

員工獎懲實施細則

第一章　總則

第一條　為提高員工工作積極性，嚴明工作紀律，獎懲分明，增強工作效率，特制定本實施細則。

第二條　本實施細則適用於公司員工的獎懲工作。

第二章　管理職責

第三條　人力資源部是公司員工獎懲歸口管理部門，負責對員工獎懲工作進行監督管理工作，並負責對有爭議的獎懲決定進行裁決。

第四條　各部門負責人負責本部門員工獎懲工作的管理。

第五條　公司總經理對各類獎懲決定進行審批，並擁有最終裁

決權。

第三章　獎勵管理

第六條　公司設立如下的獎勵種類：

1. 通報表揚（獎狀、獎品）；

2. 獎金獎勵；

3. 帶薪休假；

4. 帶薪培訓；

5. 提薪升級；

6. 提升職位。

第七條　有下列表現的員工，應給予通報表揚，頒發獎狀、獎品：

1. 品德端正，工作努力；

2. 維護公司利益，為公司爭得榮譽，防止或挽救事故發生，減少損失有功的；

3. 一貫忠於職守，工作積極負責，廉潔奉公；

4. 有其他功績，足為其他員工楷模。

第八條　有以下表現的員工，應給予獎金獎勵：

1. 團結互助，事蹟突出；

2. 完成計劃指標，效益良好；

3. 向公司提出合理化建議，被公司採納；

4. 維護財經紀律，抵制歪風邪氣，事蹟突出；

5. 節約資金，節儉費用，事蹟突出；

6. 領導有方，帶領員工良好完成各項任務；

7. 為公司攬取大量營業額並創造了一定利潤的；

8.通過發明創造、技術革新對提高公司效益作出顯著貢獻的；

9.其他對公司作出貢獻，公司總經理認為應當給予獎勵的。

第九條 有以上表現（第八條），且公司認為符合帶薪休假條件的予以帶薪休假，帶薪休假原則上休假時間為一週。

第十條 員工有以下表現的給予提升職位：

1.忠於公司，在公司效力 3 年以上；

2.在一年的公司績效考核中連續 9 個月得 A 的，並未得 E 者；

3.團結互助、領導有方，所領導的部門工作業績顯著；

4.有工作創新、發明創造、技術革新為公司帶來效益的； 其他條件被公司總經理認為可以提升職位的。

第十一條 有以上表現（第九條），且公司認為可以提薪升級的，可提升一級工資。

第十二條 有以下表現的，公司給予帶薪培訓：

1.忠於公司，在公司效力 2 年以上的；

2.在一年的公司績效考核中連續 9 個月得 A 的，並未得 E 者；

3.積極做好本職工作，連續 3 年成績突出受到公司表彰的；

4.連續數次對公司發展提出重大建議為公司採納，並產生重大效益的；

5.有其他突出貢獻，公司總經理認為該給予提升職位的。

第十三條 獎勵的工作流程：

1.員工推薦、本人自薦或部門提名；

2.人力資源部審核；

3.公司總經理審批；

4.人力資源部實施並下發《獎懲通知單》（受獎當事人）；

5. 獎勵檔案人力資源部負責存檔。

第四章　懲處管理

第十四條　公司設立以下處分種類，視情節輕重使用：

1. 警告；

2. 通告批評（處罰）；

3. 降薪降職；

4. 辭退。

第十五條　員工有以下行為的，給以警告處分：

1. 在工作時間聊天、嬉戲或從事與工作無關的事情；

2. 工作時間內擅離工作崗位者或無故遲到、早退、曠工；

3. 因過失以至發生工作錯誤，情節輕微者；

4. 妨礙現場工作秩序或違反安全衛生工作守則的；

5. 無故不參加公司安排的培訓課程；

6. 無故不參加公司晨會的；

7. 初次不遵守主管人員指揮；

8. 浪費公物，情節輕微；

9. 檢查或監督人員未認真履行職責；

10. 遺失員工證或未按要求穿戴整潔工作服；

11. 出入公司不遵守規定或攜帶物品出入公司區域而拒絕保安詢問檢查或管理人員查詢者；

12. 破壞公司工作、營業場所環境衛生。

第十六條　員工有以下行為者，給以通告批評（處罰）：

1. 對上級指示或有期限之命令，未申報正當理由而未如期完成或處理不當的；

2.因疏忽導致公司辦公設備或物品材料不能正常工作或傷及他人的；

3.在工作場所喧嘩、嬉戲、吵鬧妨害他人工作的；

4.攜帶危險品進入公司的；

5.在禁煙區吸煙或吸煙時四處走動的；

6.投機取巧，隱瞞蒙蔽，謀取非分利益；

7.對同事惡意攻擊或誣告、偽證而製造事端；

8.在工作時間內擅離工作崗位，躺臥、睡覺者；

9.塗改員工工作考勤卡，替他人打卡或接受他人打卡。

第十七條 員工有以下行為者，給以降薪降職：

1.違反法律法規、政策和公司規章制度，造成損失或不良影響的；

2.違反紀律、經常遲到、早退、曠工、消極怠工，沒完成工作任務的；

3.擅離職守，導致事故，使公司蒙受重大損失；

4.洩露業務上機密的；

5.違反公司規定帶進出物品；

6.遺失經管重要文件、機件、物件或工具；

7.撕毀公文或公共文件；

8.擅自變更工作方法致使公司蒙受重大損失的；

9.拒絕聽從主管人員合理指揮監督的；

10.違反安全規定措施致使公司蒙受重大損失的；

11.工作時間內在工作場所製造私人物件；

12.造謠生事，散播謠言致使公司蒙受重大損失。

13. 連續兩個月的績效考核結果為 E 者。

第十八條　員工有以下行為者，給以辭退處分：

1. 偷竊同事或公司財物的；

2. 於受聘時虛報資料，使本公司誤信而遭受損害；

3. 對上級或同事實施暴行或有重大侮辱之行為；

4. 利用職務之便向客戶索取錢物的；

5. 蓄意損壞公司或他人財物的；

6. 故意洩露技術、營業之秘密，致使公司蒙受損失；

7. 不服從工作安排和調動、指揮，或無理取鬧，影響工作秩序的；

8. 拒不執行公司總經理、部門決定，干擾工作的；

9. 工作不負責任，損壞設備、工具，浪費材料、能源，造成損失的；

10. 怠忽職守，違章操作或違章指揮，造成事故或損失的；

11. 濫用職權，違反財經紀律，揮霍浪費公司資財，損公肥私，造成損失的；

12. 財務人員不堅持財經制度，喪失原則，造成損失的；

13. 貪污、盜竊、行賄受賄、敲詐勒索、賭博、流氓、鬥毆等尚未達到刑事處罰的；

14. 挑動是非，破壞團結，損害他人名譽或威信，影響惡劣的；

15. 洩露公司機密，把公司客戶介紹給他人或向客戶索取回扣介紹費的；

16. 散佈謠言，損害公司聲譽的；

17. 利用職權對員工打擊報復或包庇員工違法亂紀行為的；

18.無正當理由累計曠工三日,在外從事同類產品職業或假期在外另謀職業的;

19.組織、煽動怠工,或採取不正當手段要脅,嚴重擾亂公司秩序;

20.在公司內有傷風化行為的;

21.經常違反公司規章制度,經教育仍屢教不改的;

22.公司調派工作時,無故拒絕接受的;

23.因行為不當,公司再無法對其信任的;

24.其他重大過失或不當行為導致嚴重後果的。

第十九條　員工有上述行為,情節嚴重,觸犯刑律的,提交司法部門依法處理。

第二十條　員工有上述行為給公司造成損失的,責任人除按上述規定承擔應負的責任外,按以下規定賠償公司損失:

1.造成損失 5 萬元以下(含 5 萬元),責任人賠償 10%～50%;

2.造成損失 5 萬元以上的,由人力資源部報公司總經理決定責任人應賠償的金額。

第二十一條　公司員工在發現他人有違反本制度規定的行為時,應及時向人力資源部和部門主管報告。

第二十二條　對員工給予行政處分和處罰的,應當慎重決定。必須弄清事實、取得證據,經過一定會議討論,徵求有關部門意見,並允許受處分人進行申辯。

第二十三條　調查、審批員工處分的時間,從證實員工所犯錯誤之日起,辭退不得超過 2 個月,其他處分不得超過 1 個月。

第二十四條　員工所受處分有異議者,應於處分決定後七日

內，陳訴理由申訴，並以申訴後的核定作為公司最後的決定，當事者不得再存異議。

第二十五條　受處分的員工在處罰未了結之前，不得調離公司（被辭退者除外）。

第二十六條　處分的工作流程：

1. 員工舉報或部門提議；

2. 人力資源部組織調查；

3. 公司總經理審批；

4. 人力資源部下發《獎懲通知單》（受處分當事人）；

5. 懲處檔案由人力資源部存檔。

第二十七條　員工一年之內被警告處分達 2 次的，年終獎只發90%，3 次以上給予警告處分的，公司將予以降薪降職；員工一年之內被通告批評（處罰金額）達 2 次的，年終獎只發 60%，超過 3 次（含 3 次）的，公司將予以辭退。

第二十八條　員工違反公司規章制度受到通報批評，並給予相應處罰時，其部門負責人應負有一定的責任，也應給予相應的處罰。

1. 員工違反公司規章制度，部門負責人在不知情的情況下，應負一定的責任，承擔責任的 30%；

2. 員工違反公司規章制度，部門負責人知情不予以制止，應負主要責任，承擔責任的 70%。

第五章　附則

第二十九條　本實施細則由人力資源部負責制定、修訂，並負責解釋。

第三十條　本實施細則自頒佈之日起執行，原獎懲實施細則同

時廢止。

13 嚴重違反公司規章，可解除工作合約

（案例）

　　郭某是某酒店的電工，與該酒店簽訂了為期 5 年的工作合約。工作不久後，酒店下發了經酒店職工代表大會通過並與工會協商後確定的規章制度——《員工手冊》，其中規定：「職工有下列情況之一的，屬於嚴重違反公司規章制度的行為，公司可解除工作合約：⑴無故曠工連續 4 天，一年內累計曠工超過 8 天的……」。

　　之後，有一個建築公司找到郭某，想臨時雇傭他到外地一個工地做幾天電器安裝工作，給予他 4000 元。郭某見報酬豐厚，便一口答應下來。郭某在建築工地一連幹了 7 天，也沒跟酒店請假。郭某回到單位後態度誠懇地寫了一份很長的書面檢查。但沒想到，一個星期後，酒店召開了全體職工大會，會上宣佈了解除郭某工作合約的決定。郭某不服，認為酒店僅依據內部的規章制度就做出解除工作合約的處罰決定，是違法的。請問：酒店做出的解除郭某工作合約的決定是否正確呢？

（說明）

　　酒店的做法是正確的。郭某作為酒店的員工，就應當遵守酒店

的內部規章制度和各項紀律，但他明知故犯，嚴重違反了酒店的規章制度——《員工手冊》，酒店依據內部規章制度對其進行處罰是有理有據的。

工作者嚴重違反用人單位的規章制度的，用人單位可以解除工作合約。案例中的公司依法定程式制定的規章制度——《員工手冊》中，明確禁止員工曠工，並規定，員工無故曠工連續 4 天，一年內累計曠工超過 8 天的，屬於嚴重違反公司規章制度的行為，公司可以解除其工作合約。郭某為了幹私活，連續曠工 7 天，屬於嚴重違反公司規章制度的行為，按照上述《工作合約法》第 39 條中的規定，公司有權解除其工作合約。因此，酒店的決定是正確的。

對用人單位來說，法律有原則規定的，應結合本單位實際，將法律原則具體體現在企業規章中；法律有明確的標準性規定的，制定企業規章應遵從該標準規定；法律授權企業制定規章的，應按法律授權，從本單位實際出發，制定相應的企業規章。規章制度是企業根據自身特點，對企業內部的勞動紀律和職工的勞動權利義務的具體化和明確化，它是企業對職工進行生產和經營管理的手段和標準。

建議公司在規章制度中對哪些屬於嚴重違反的情形做出明確具體的規定。對於嚴重違反情形，最好分梯度來處理，比如第一次違反，給予什麼樣的處罰；第二次違反給予什麼樣的處罰；第三次違反即屬於嚴重違反規章制度。

嚴重失職、營私舞弊，給用人單位造成重大損害的，用人單位可以與其解除工作合約。工作者在履行工作職責期間，由於沒有按照崗位職責履行自己的義務，或者違反忠誠義務，有未盡職責的嚴

重失職行為或者利用職務之便謀取不正當利益，給用人單位造成了重大損害。

　　需要提醒企業的是，用人單位也不能因為仲裁委員會有可能重新認定就不對重大損害進行規定，因為如果不規定，一旦員工給單位造成損害，就沒有依據。企業完全將「重大損害」的界定權交給了勞動爭議仲裁委員會，就失去了主動權。

　　比較常見的屬於該類規定的情形有：

　　1.由於未履行工作職責給公司造成重大損失的情形。

　　例如錢某擔任公司保衛，但在上班時間私自外出，導致公司財物被盜。

　　2.利用職務便利，索取好處或者為其他親人、朋友謀取好處，給公司造成重大損害。

　　例如，孫某是公司的採購員，孫某利用為公司採購物品的便利，從其哥哥處高價購買物品，謀取利益。

　　3.由於工作失誤給公司造成重大損失。

14 企業有規章制度，才能合法的解除合約

企業規章制度，又稱企業勞動規章，還有的稱為員工守則、從業規則等，是用人單位為了加強員工管理，根據國家法律法規而制定的一系列要求本單位職工遵守的制度的總稱。

作為市場經濟主體的企業，建立其內部規章制度應是一個基本要求。良好的企業規章制度是企業保持健康平穩運行的基礎，也是企業得以生存發展的條件。

企業規章制度具有如下作用：

1. 保障企業的運作有序化、規範化，降低企業經營運作成本。

企業規章制度作為規範員工日常行為的規則，具有規範員工日常行為的指導性作用。員工通過閱讀規章制度，就可以知道自己享有哪些權利，履行哪些義務。比如員工知道什麼時候上班，什麼時候下班，員工如果請事病假該履行什麼手續，員工如果休年假應該如何履行休假手續等。

通過制定公司的企業規章制度，每個員工都遵守規章制度，按照流程辦事，可以保障企業有序運作，提高工作效率，降低企業經營運作成本。

2. 防止管理的任意性，為企業管理者與員工創造規範有序的工作環境；制定和實施合理的規章制度還能滿足職工公平感的需要。

孔子曾經說過：「不患貧而患不均，不患寡而患不安。」很多

時候，員工最擔心的是不公平的對待，對於同樣的情形，不同的員工卻有不同的待遇。通過制定規章制度，遇到什麼樣的情形，該怎麼處理都有清楚的規定。「王子犯法，與庶民同罪」，可以增強員工的公平感，防止了管理的隨意性和任意性。

3.優秀的規章制度通過合理的權利義務及責任的設置，可以使職工預測到自己的行為和努力的後果，激勵其工作積極性。

如果規章制度制定清晰的獎懲制度，員工就可以預測到積極的工作將會得到什麼樣的獎勵和提升，消極的工作及違反規章制度將會得到什麼樣的處罰。優秀的規章制度將起到鼓勵員工積極工作，警示員工不要違反規章制度的作用。

4.是工作合約的重要組成部份，起到補充完善工作合約的作用。

由於員工日常管理中涉及大量複雜的內容，不可能在工作合約中一一規定，規章制度將是工作合約的重要組成部份，起到了補充作用。對於工作合約中沒有規定到的內容，通過在規章制度中做出補充規定，可以完善管理。

5.最大限度地降低勞資糾紛，在發生糾紛時作為證據使用。

通過制定規章制度，企業與員工之間的權利義務明確，可以最大限度地降低糾紛。一旦發生糾紛時，企業也可以作為證據使用。《最高人民法院關於審理勞動爭議案件適用法律若干問題的解釋》第 19 條規定：「用人單位根據《勞動法》第四條之規定，通過民主程序制定的規章制度，不違反國家法律、行政法規及政策規定，並已向工作者公示的，可以作為人民法院審理勞動爭議案件的依據。」

《最高人民法院關於審理勞動爭議案件適用法律若干問題的

解釋(二)》第 16 條規定：「用人單位制定的內部規章制度與集體合約或者工作合約約定的內容不一致，工作者請求優先適用合約約定的，人民法院應予支持。」從以上的司法解釋可以看出，通過合法程式制定的規章制度，如果不違反國家法律、行政法規及政策規定，是可以作為證據使用的。

　　因此，制定一個比較完善、合法、理性的企業內部規章制度，對於企業而言，具有重要意義。建立一個完善而規範的企業內部制度，可以建立健康而良好管理秩序，不僅是對企業形象的一種宣傳，同時也因其中所包含員工的行為規範及員工的責任權利，對規範企業的管理起著至關重要的作用。

（案例）

　　員工違反規章制度的，公司有權與其解除工作合約

　　李某是某外資公司的技術人員。按照公司規章制度規定，職工累計工作已滿 1 年不滿 10 年的，年休假 5 天；已滿 10 年不滿 20 年的，年休假 10 天；已滿 20 年的，年休假 15 天。但職工休年假必須提前 15 天向公司提出申請，經過批准後方可休假，私自休假的，視為曠工。按照公司規章制度的規定，一年累計曠工超過 5 天的，公司有權與其解除工作合約。李某按照公司的規定可以休年假 10 天。2008 年 3 月，李某準備與女朋友去海南旅遊，於是向公司提出要求，自己兩天后去海南旅遊，已經訂好了飛機票。但公司告訴李某，由於李某所在的部門正接受一項研發任務，現在到了最後交付階段，而李某正好是主要研發人員，李某一旦離開，將會給公司造成無法挽回的損失，

因此公司沒有同意李某的休假要求，而是要求該項任務完成後李某再休假。李某根本沒有聽從公司安排，直接去海南旅遊。10天后，李某去公司上班，公司通知李某，由於其沒有來上班，導致公司沒有按時完成任務，公司為此賠償對方10萬元的違約金。李某的行為屬於曠工，公司解除了與李某的工作合約。李某認為自己是正常休年假，不屬於曠工行為，便提起仲裁。勞動爭議仲裁委員會經過審理後認為，公司明確規定休年假必須提前15天向公司提出申請，經過批准後方可休假。由於李某擅自休假給公司造成了10萬元的損失，因此公司與李某解除工作合約並無不當，勞動爭議仲裁委員會駁回了李某的仲裁請求。

（說明）

公司的規章制度中有明確的規定，而李某未經公司允許擅自休假，屬於曠工行為，公司據此與李某解除工作合約是正確的。正是因為公司規章制度中有明確的規定，公司才在仲裁中取得勝訴。由此可見，規章制度可以使用人單位在勞動爭議案件中把握主動權，降低敗訴的風險。

15 建立企業規章制度的合法有效

　　順應工作關係發展新趨勢，密切注視新的工作法律、規章、政策的頒佈，學會靈活運用勞動法調整工作關係，把握勞動關係變化的規律，進一步健全適應新變化的工作關係自主協調和管理制度，這是有效防範和化解工作爭議的基本前提。

　　在從事人力資源管理中要多想想是否有法律依據，是否符合法律規定：如在處分員工或者單方解除工作合約、提前解除合約時，就應做到注意時效，事實清楚，證據充分，程序合法；同時還要善於依法避免工作爭議的產生，如招聘簡章不應當包含形形色色的歧視性條款（戶口歧視、性別歧視、年齡歧視、身高歧視、對「乙肝攜帶」的歧視），招用新員工應審查其是否與原用人單位辦妥了解除工作合約的全部手續等。

　　企業規章制度是企業運行的重要準則和進行管理不可或缺的手段。用人單位應當依法建立和完善規章制度，保障工作者享有勞動權利和履行勞動義務。企業在內部管理過程中，除適用法律、法規以及主管部門的規定外，企業規章制度也是重要依據之一，這尤其表現為企業對違紀職工的處理上。

　　據此，企業制度的規章制度應當遵循以下原則：

　　第一，內容必須符合有關法律法規和政策，要先法律，再是企業規則，不能先制定自己的規章制度，一旦與法規衝突，又力求掩飾，總是處於被動執行。

　　第二，必須依據法律規定的程序制定。對於涉及職工基本權益的規章制度，如職工獎懲規定、勞動優化配置規定以及職工養老、失業、醫療、生育保險、勞動保護條件、福利方面的規章制度，其內容不得侵犯職工合法權益，且應當由企業職工代表大會通過。企業的其他規章制度也要在一定的範圍內徵求主管部門、企業職能部門和工會三方意見，以便集思廣益、共同協商、尋找平衡。企業只要遵守有關法律，按程序辦事，就受到保護。

　　第三，必須要明確告知職工。應採取適當的方式使職工週知，才能對職工產生效力，如下發文件、發放員工手冊和在企業報刊、局域網、公告(示)欄、宣傳畫廊上公佈等。

　　　　　心得欄 ------------------------------

第 六 章

請假必須有制度化

1 一套合法、完善的員工請假流程，對公司很重要

（案例）

　　林宇是一家企業的人力資源管理主管，他最近遇到了一件煩心的事情。幾天前，該公司在和合作公司協商簽訂一份非常重要的合約時，負責此項業務的業務員小宋卻沒有出現在合約簽訂現場，導致一些重要的內容不能得到確認，談判只能延期進行，公司的商業信譽也因此受到了影響。

　　原來，在舉行談判的前一天晚上，小宋突然間感覺身體不適，在堅持了一會兒後，還是去了醫院。在醫院檢查後，醫生建議其休息，並給他開好了病假條。第二天早晨，小宋仍然感覺身體不舒服，不能上班，就請他愛人到公司代替他履行請假

手續。可是，小宋的愛人到該公司請假時，沒有找到人力資源主管林宇，順手將病假條交給了林宇的一名同事，請這名同事轉交林宇，隨後就忙著自己的工作去了。可是這名同事將小宋請假的事情忘記了。所有這一切，林宇都不知道，也沒有對談判人員進行及時的協調安排，致使談判擱淺。

事情發生後，林宇感覺很為難：小宋身體不舒服，請病假休息是應該的，可是他卻沒有向應該請假的人員和部門進行請假，導致了事故的發生。小宋同樣很為難：自己明明請假了，為什麼還會耽誤工作呢？

（說明）

這是一起典型的由於員工請假而引發的工作爭議案件，也從側面映述了我們上面的論述。

對於這類的案件，我們首先要問的是：公司內部是否有一套合法、合理以及完備的員工假期管理制度。如果有的話，那麼公司的員工知道嗎？也就是這套員工假期管理制度有無公示過的問題。

就林宇遇到的問題，如果該公司制定了合法的員工請假流程，並對員工進行了宣傳講解，使員工在需要請假的時候，能夠按照規定的程序進行，減少隨意性，類似這樣的事情還會發生嗎？如果公司在員工假期管理制度中沒有請假流程的話，發生工作爭議的時候，公司就會處於非常被動的地位，有苦說不出了。

員工假期管理制度是企業規章制度中不可或缺的環節，集中企業在各種法定或約定假期以及相應待遇上的規定。一個完整的假期管理制度能夠使員工感受到企業的福利與人性化，達到勞逸結合，

提高工效的作用；而一個漏洞百出的假期管理制度不僅會使企業陷入工作爭議，而且還會讓企業為之付出高昂的成本，企業唯有不斷與時俱進的健全內部的假期管理制度，使制度中的條款與國家頒佈的法律法規相吻合，使制度中的有關規定成為新的爭議發生時的處理依據，才能在面對員工休假方面的工作爭議時處之泰然。

2 公司必備的公司規章制度範例

關於規章制度包括哪些內容，法律並沒有作明確規定，每個企業由於自身的業務特點不同，其規章制度的內容差別也非常的大，每個企業可根據本企業的實際情況進行修改，企業規章制度主要包括以下內容：

一、企業規章制度前言

企業規章制度前言可有可無，對整體影響並不是太大。有了企業規章制度前言顯得企業規章制度完善和完美，企業規章制度前言主要講述制定規章制度的目的和意義等。

二、企業簡介

企業簡介主要介紹企業的概況、企業的歷史、企業文化、企業

使命、企業組織結構、各部門的職責等。通過員工瞭解企業的情況，使員工對本企業有了充分的瞭解，可以儘快融入企業，加強員工對企業的信任和信心。

三、企業規章制度總則

企業規章制度總則主要規定制定規章制度的目的，制定規章制度的依據，規章制度的適用範圍等。

四、員工行為規範

員工行為規範是用人單位對員工基本行為的一種約束，用人單位需要根據本單位的實際情況制定符合本單位的員工行為規範。

第一條　崗位規範

1. 遵守上班時間。因故遲到和請假的時候，必須事先通知，來不及的時候必須用電話聯絡。

2. 遇有工作部署應立即行動。

3. 工作中不聊與工作無關的話題。

4. 工作中不要隨便離開自己的崗位。

5. 長時間離開崗位時，可能會有電話或客人，事先應拜託給上司或同事。

6. 不打私人電話。不從事與本職工作無關的私人事務。

7. 在辦公室內保持安靜，不要在走廊內大聲喧嘩。

8. 辦公用品和檔必須妥善保管，使用後馬上歸還到指定場所。

9.辦公用品和檔不得帶回家，需要帶走時必須得到許可。

10.重要的記錄、證據等檔必須保存到規定的期限。

11.處理完的檔，根據公司指定的檔號隨時歸檔。

12.下班時，檔、文具、用紙等要整理，要收拾桌子，椅子歸位。

13.服從安排。

14.勇於承擔責任。

第二條　　外出規範

1.因公外出按規定逐級辦理請假手續，無特殊原因不可電話、口頭捎話請假。

2.因公外出時需向同事或者上司交待工作事宜，保證工作銜接。

3.因公在外期間應保護與公司的聯繫。

4.外出歸來及時銷假，向上司彙報外出工作情況。　外出歸來一周內報銷旅差費。

第三條　　形象規範

1.服裝正規、整潔、完好、協調、無污漬，扣子齊全，不漏扣、錯扣。

2.在左胸前佩戴好統一編號的員工證。

3.上班時必須穿工作服。

4.襯衣下擺束入褲腰和裙腰內，袖口扣好，內衣不外露。

5.著西裝時，打好領帶，扣好領扣。上衣袋少裝東西，褲袋不裝東西，並做到不挽袖口和褲腳。

6.鞋、襪保持乾淨、衛生，鞋面潔淨，在工作場所不打赤腳，不穿拖鞋，不穿短褲。

7.頭髮梳理整齊，不染彩色頭髮，不戴誇張的飾物。

8.男職工修飾得當，頭髮長不覆額、側不掩耳、後不觸領，嘴上不留鬍鬚。

9.女職工淡妝上崗，修飾文雅，且與年齡、身份相符。工作時間不能當眾化妝。

10.顏面和手臂保持清潔，不留長指甲，不染彩色指甲。

11.保持口腔清潔，工作前忌食蔥、蒜等具有刺激性氣味的食品。

12.坐姿良好。上身自然挺直，兩肩平衡放鬆，後背與椅背保持一定間隙，不用手托腮。

13.不翹二郎腿，不抖動腿，椅子過低時，女員工雙膝併攏側向一邊。

14.避免在他人面前打哈欠、伸懶腰、打噴嚏、摳鼻孔、挖耳朵等。實在難以控制時，應側面回避。

15.不能在他人面前雙手抱胸，儘量減少不必要的手勢動作。

第四條　語言規範

1.語音清晰、語氣誠懇、語速適中、語調平和、語意明確言簡。

2.提倡講普通話。

3.與他人交談，要專心致志，面帶微笑，不能心不在焉，反應冷漠。

4.不要隨意打斷別人的話。

5.用謙虛態度傾聽。

6.適時的搭話。確認和領會對方談話內容、目的。

7.儘量少用生僻的專業術語，以免影響與他人交流效果。

8.嚴禁說髒話、忌語。

9.使用「您好」、「謝謝」、「不客氣」、「再見」、「不遠送」、「您走好」等文明用語。

第五條　社交規範

1.接待來訪熱情周到，做到來有迎聲，去有送聲，有問必答，百問不厭。

2.迎送來訪，主動問好或話別，設置有專門接待地點的，接待來賓至少要迎三步、送三步。

3.來訪辦理的事情不論是否對口，不能說「不知道」、「不清楚」。要認真傾聽，熱心引導，快速銜接，並為來訪者提供準確的聯繫人、聯繫電話和位址。或引導到要去的部門。

4.訪問他人時要事先預約，一般用電話預約。

5.遵守訪問時間，預約時間 5 分鐘前到。

6.如果因故遲到，提前用電話與對方聯絡，並致歉。

7.訪問領導，進入辦公室要敲門，得到允許方可入內。

8.用電話訪問，鈴聲響三次未接，過一段時間再打。

9.接電話時。要先說「您好」。

10.使用他人辦公室的電話要征得同意。

11.交換名片時，用雙手遞接名片。看名片時要確定姓名；拿名片的手不要放在腰以下；不要忘記簡單的寒暄；接過名片後確定姓名正確的讀法。

第六條　會議規範

1.事先閱讀會議通知。

2.按會議通知要求，在會議開始前 5 分鐘進場。

3.事先閱讀會議材料或做好準備，針對會議議題彙報工作或發

表自己的意見。

4.開會期間關掉手機，不會客，不從事與會議無關的活動，如剪指甲、交頭接耳等。

5.遵從主持人的指示。

6.必須得到主持人的許可後，方可發言。

7.發言簡潔明瞭，條理清晰。

8.認真聽別人的發言並記錄。

9.不得隨意打斷他人的發言。

10.不要隨意辯解，不要發牢騷。

11.會議完後向上司報告，按要求傳達。

12.保存會議資料。

13.公司內部會議，按秩序就座，依次發言。發言時，先講「×
×彙報」，結束時說：「××彙報完畢」。

14.保持會場肅靜。

第七條　安全衛生環境

1.在所有工作崗位上都要營造安全的環境。

2.工作時既要注意自身安全，又要保護同伴的安全。

3.提高安全知識，培養具備發生事故和意外時的緊急管理能
力。

4.愛護公司公物，注重所用設備、設施的定期維修保養，節約
用水、用電、易耗品。

5.員工有維護良好衛生環境和制止他人不文明行為的義務。

6.養成良好的衛生習慣，不隨地吐痰，不亂丟紙屑、雜物，不
流動吸煙。辦公室內不得吸煙。

7.如在公共場所發現紙屑、雜物等，隨時撿起放入垃圾桶，保護公司的清潔。

8.定期清理辦公場所和個人衛生。將本人工作場所所有物品區分為有必要與沒有必要的，有必要的物品依規定定置管理，沒有必要的清除掉。

第八條　上網規定

1.在工作時間不得在網上進行與工作無關的活動。

2.不得利用國際互聯網危害國家安全，洩露國家機密，不得侵犯國家的、社會的、集體的利益和公民的合法權益，不得從事違法犯罪活動。

3.不得利用互聯網製作、複製、查閱違反憲法和法律、行政規定的以及不健康的資訊。

4.不得從事下列危害電腦網路安全的活動：

⑴對電腦資訊網路功能進行刪除、修改或者增加。

⑵對電腦資訊網路中儲存、處理或者傳輸的資料和應用程式進行刪除、修改或者增加。

⑶製作傳播電腦病毒等破壞程式。

第九條　人際關係

1.尊重上級，不搞個人崇拜，從人格上對待下級，營造相互信賴的工作氣氛。

2.不根據自己的理解對待同事，以溫暖的關心栽培榮辱與共的同事，營造「同歡樂，共追求」的氛圍。

3.尊重他人。肯定、讚揚他人的長處和業績，對他人短處和不足，進行忠告、鼓勵，造成明快和睦的氣氛。

4.相互合作。在意見和主張不一致時，應理解相互的立場，尋找能共同合作的方案。

5.禁止派別。不允許在工作崗位上以地緣、血緣、學員組成派別。

第十條　本規範解釋權歸公司行政部。

五、入職制度

入職制度主要告訴員工在辦理入職手續的時候，需要提交哪些材料，入職流程等。

第一條　加入公司時，職員須向公司出示並提供身份證、學歷證明(大學本科及以上需提供畢業證書、學位證書)、與原單位解除勞動關係證明的影本以及近期體檢報告和免冠近照，並親筆填報準確的個人資料。

第二條　員工年齡必須達到 16 周歲。

第三條　公司提倡正直誠實的做人理念，並保留審查職員所提供個人資料的權利，如有虛假，將立即被終止試用或解除工作合約。

第四條　接到錄用通知後，應在指定日期到公司報到，如因故不能按期前往，應與有關人員取得聯繫，另行確定報到日期。

第五條　報到程式包括：填寫員工報到登記表、簽訂工作合約、辦理報到登記手續、領取考勤卡、辦公用品和資料等；與試用部門負責人見面，接受工作安排，並與負責人指定的入職引導人見面。

第六條　超過指定報到日期未來公司辦理報到手續者視為拒

絕受雇，該錄用通知則因而失去效力。

六、試用期管理制度

試用期管理制度主要規定試用期工作合約的解除、試用期的考核、試用期的時間、試用期的轉正等。

第一條 被公司錄用者一律要經過試用期，試用合格後，才能被公司正式錄用成為公司職工。經試用期滿合格被繼續雇用之人員，從試用的第一天起視為正式被雇用。

第二條 在試用期內被判定為不合格者，公司將與其解除工作合約；在試用期內職工本人也可以申請解除工作合約，但必須提前3天通知公司。試用期間解除工作合約的，公司不作任何補償。

第三條 試用期的考核：

1. 試用期內，員工每日下班前需要將本日的工作內容及第二天的工作計畫發給部門主管，公司將每週對員工本周工作表現進行考核。

2. 月底由部門主管和公司人力資源部門對員工本月的工作表現進行考核。

3. 試用期結束，由部門主管和公司人力資源部門分別對員工進行考核，兩個部門考核結果均在良以上者，轉為正式員工。

第四條 試用期最長不超過六個月。

經公司考選雇用的人員，通過試用期後可正式錄用，簽訂三個月以上不滿一年工作合約的員工試用期不超過1個月；簽訂一年以上不滿三年的工作合約的員工試用期不超過2個月；簽訂三年以上

固定期限和無固定期限工作合約的員工試用期不超過 6 個月。

七、考勤制度

第一條　公司實行指紋（打卡或簽到）考勤制度，全體員工上、下班必須參加考勤。

第二條　員工因公外出未能進行正常考勤，必須於第二日中午 12：00 之前主動填寫《未正常考勤說明單》，經本部門負責人簽字後，交人力資源部，否則以曠工計。

第三條　員工正常考勤後，因公外出必須填寫《員工外出登記表》，並由本部門負責人簽字同意後方可外出，如果本部門負責人不在，由上級主管代簽。如果上級主管不在，由人力資源部門代簽。員工外出時將外出登記表交前臺，回公司後在表上簽注回公司時間。對既不在工作崗位或公司工作，外出登記表又無記錄，也未請假者，一經查處，以曠工計。

第四條　員工上、下班忘記考勤，必須於第二日 12：00 之前，主動填寫《未正常考勤說明單》，經本部門負責人簽字後，交人力資源部，並按以下規定扣款：

上班未打卡：扣款 10 元/次；下班未打卡：扣款 5 元/次；全天未打卡：經確認非曠工者，扣款 30 元/次。

無故不考勤、又不辦理有關手續者，按曠工計。

第五條　遲到、早退、曠工處理。

1. 工作時間開始後 15 分鐘內到崗者為遲到。

2. 工作時間終了前 15 分鐘內下班者為早退。

3. 凡發生下列情況者按照曠工處理：

⑴未經請假或者請假未批准者；

⑵提供虛假休假證明者；

⑶超過 15 分鐘不超過 1 個小時到崗或者提前離崗者，按曠工半天計算；超過 1 個小時不到崗或者離崗者，按照曠工一天計算。

第六條　遲到、早退 5 分鐘之內且每月不超過 3 次不扣款；15 分鐘之內扣款伍元。曠工扣除當日全部工資，一個月內累計曠工超過 3 日或者一年內累計曠工超過 7 日者，公司有權解除工作合約。

8. 休假制度。

休假制度主要包括以下的內容：

⑴休假的種類

用人單位應當根據法律和本單位的條件規定本單位職工享受哪些休假。目前主要的休假種類包括：法定休息日、法定節假日、帶薪年假、病假、事假、探親假、婚喪假、產假、工傷假等。

⑵休假應當具備的條件

雖然假期是有多種，但並不是任何一個員工都有權享受任何的休假，員工必須具備一定的條件才可以休假，因此用人單位應當規定員工在具體什麼樣的情況下才可以休什麼樣的假期，以免產生爭議。

例如法定假假日是任何員工都可以享受的，但帶薪年假，由於每個員工的條件不一樣，享受的天數也不一樣，因此，用人單位必須規定得詳細具體。例如探親假並不是任何員工都可以享受，必須具備一定的條件才可以享受。

(3)請假的手續

請假手續是休假中很關鍵的一部份，很多員工也是因為請假手續的問題與單位發生爭議。

用人單位需要規定，員工休什麼樣的假期時，應當向什麼部門提出申請、提供什麼資料等等。

例如，如果用人單位對休病假規定不明確，可能會導致員工很容易請病假或者提供虛假的病假條。用人單位不但應當要求員工提供病假條，還應當要求員工提供醫院的掛號單、病例、醫藥費發票等。

(4)休假的方式

有些假期由於法律有明確的規定，用人單位不能另行安排其他方式休假，例如法定假節日。但有些休假由於法律並沒有明確的規定，用人單位有自主安排權，用人單位有權根據本單位的情況做出規定，例如帶薪年假，用人單位可以規定分次休，也可以規定一次性休完。但用人單位應當規定員工提前向單位申請，經單位批准後方可休假；否則如果用人單位不做出規定，一旦所有員工同時休假，將嚴重影響工作。

(5)休假的限制

對於有些假期，必須明確規定在多長時間內休假完畢，例如婚假，必須規定員工在領結婚證後的多長時間內休假完畢；喪假原則上應當是在符合條件的親人去世時就應當休假，而不應當在過了很長時間後再休。

(6)假期未用的處理

既然員工有權享受假期，就存在有些情況下工作者沒有休假的

情況，對於這種情況，用人單位必須做出明確的規定。例如婚假，用人單位可以規定員工必須在領證後多長時間內休完，否則將不予以休假。再例如關於帶薪年假，對於員工沒有休完的帶薪年假，是允許員工以現金的方式補償還是允許累計到下一個年度？對於用人單位安排員工休假但由於員工個人的原因沒有休假的，怎麼處理？如果員工沒有休完帶薪年假就提前解除工作合約，該如何處理？這些都需要在休假制度中做出規定。

(7)假期期間的待遇

對於法律有明確規定的休假期間的待遇，用人單位不需要做出規定，即使做出規定，如果與法律法規規定不一致的也無效。但對於法律規定不明確或者允許用人單位在一定範圍內有自主權的，用人單位應當做出明確的規定。

(8)違反休假制度的處罰

對於員工違反單位的休假制度，用人單位如何處罰應當做出規定。例如對通過提供虛假材料騙取病假或者其他假期的員工，用人單位可以以嚴重違反規章制度為由，解除工作合約。

八、休假制度

員工請假，必須按照公司規定執行。

第一條　法定節假日

1. 公司全體職工享受下列帶薪法定節假日：

新年，放假 1 天(1 月 1 日)；春節，放假 3 天(農曆除夕、正月初一、初二)；清明節，放假 1 天(農曆清明當日)；勞工節，放

假 1 天(5 月 1 日);端午節,放假 1 天(農曆端午當日);中秋節,放假 1 天(農曆中秋當日);國慶日,放假 3 天(10 月 1 日、2 日、3 日)。

2. 部份員工放假的節日及紀念日:

婦女節(3 月 8 日),婦女放假半天;青年節(5 月 4 日),14 周歲以上的青年放假半天。

3. 法律規定的其他法定節假日。

第二條　帶薪年假

1. 員工年休假期間的工資,按其本人正常出勤應發工資的 100%發放。因工作需要不能安排員工休年休假的,對應休未休的年休假單,公司按照日加班工資標準的 300%支付年休假工資報酬(若公司安排休假,本人不願休假的不再支付年休假工資報酬)。

2. 年休假原則上由公司根據生產經營和工作具體情況,在本年度內統籌安排;年休假以天為單位,可分段休或一次性休完,但不跨年度休;員工個人提出休年休假,須以不影響公司生產經營和員工本職工作完成為前提;員工可以以事假沖抵年假。

3. 職工累計工作已滿 1 年不滿 10 年的,年休假 5 天;已滿 10 年不滿 20 年的,年休假 10 天;已滿 20 年的,年休假 15 天。國家法定休假日、休息日不計入年休假的假期。

4. 休假程式:

⑴公司或部門根據生產、工作具體情況統一安排。如果部門提出年休假,須統一申請,分管副總批准後,統籌安排休假;

⑵員工個人提出年休假,原則上要求集中休假,確須分開休假的,每年休假最多 3 次,須由個人填寫《請假單》並附《年休假單》,

按程式逐級報批。一般員工提出休假由部門主管審核、分管領導批准，中層幹部提出休假由分管領導審核、總經理批准，未經審批程式擅自休假者作曠工處理；

⑶所有員工的年休假，務必於休假前在本部門考勤員處備案；考勤員於每月 25 日，將本部門員工的年休假情況報公司人力資源部。

5.員工有下列情形之一的，不享受當年的年休假：

⑴職工依法享受寒暑假，其休假天數多於年休假天數的。

⑵職工請事假累計 20 天以上且單位按照規定不扣工資的。

⑶累計工作滿 1 年不滿 10 年的職工，請病假累計 2 個月以上的。

⑷累計工作滿 10 年不滿 20 年的職工，請病假累計 3 個月以上的。

⑸累計工作滿 20 年以上的職工，請病假累計 4 個月以上的。

第三條　病假

1.員工請病假應當向公司提供醫院的診斷證明。

2.病假期間的工資按照本地最低工資的80%發放。

3.員工通過提供虛假材料騙取病假的，視為曠工。

第四條　事假

1.員工請事假必須經過公司批准，否則視為曠工行為。

2.事假期間，扣除全部收入。

第五條　婚假

1.員工在本單位工作期間領取結婚證的，享受三天的帶薪婚假，符合晚婚條件的，另行享受 7 天的獎勵婚假。

2.員工必須在領取結婚證後半年內休完婚假，逾期作廢。

3.員工申請婚假，應當提前 15 天向人力資源部門提出申請，並將結婚證影本留人力資源部門備檔。

4.員工如離職時沒有休婚假，則婚假作廢。

第六條　喪假

1.員工的配偶、父母、子女、岳父母、公婆去世時，員工享受 4 天的帶薪喪假。

2.員工的兄弟姐妹、祖父母、外祖父母去世時，員工享受 2 天的帶薪喪假。

3.外地員工額外給予 2 天的在途時間。

4.喪假必須在親屬死亡 10 日內使用，逾期作廢。

5.員工提供虛假材料騙取喪假的，視為曠工。

第七條　產假

產假按照國家及本地的規定執行。

1.加班制度。

加班制度主要是規定，什麼算作加班，員工加班需要經過什麼樣的審批流程，加班後的工資報酬等。

2.福利制度。

福利制度是用人單位為員工提供的一系列福利的總稱，它包括的範圍很廣泛，如員工的休假制度、工資制度、獎金制度等都可以視為福利制度的一部份。因此，有的福利制度，由於每個公司的情況不一樣，包括的範圍也不一樣，嚴格地講，福利制度應該是除法律規定以外的由本公司提供給員工的額外的福利。

例如給員工上的額外商業保險，在員工生日的時候，送給員工

的禮金或者禮物，在員工結婚時送給員工的禮物，為員工提供的各種補貼，舉辦的各種活動等。

3.培訓制度。

正規的公司都會對員工進行培訓，通過培訓，提高了員工的工作技能，學習能力，增加了員工的歸屬感，建立了共同的價值觀，增強了企業可持續發展能力。

培訓制度主要規定培訓的目的、培訓的分類、培訓的實施、培訓的評估等。

九、保密制度

第一條　總則

1. 為保守公司秘密，維護公司權益，特制定本制度。

2. 公司秘密是指不為公眾所知悉、能夠為公司帶來經濟利益，具有實用性並經公司採取保密措施的技術資訊和經營資訊等。

3. 公司內凡知悉公司秘密的人都負有保密的義務。

第二條　公司秘密的確定

下列事項屬於公司秘密：

1. 公司重大決策中的秘密事項。

2. 公司尚未付諸實施的經營戰略、經營方向、經營規劃、經營項目及經營決策。

3. 公司內部掌握的合約、協議、意見書及可行性報告、主要會議記錄。

4. 公司財務預決算報告及各類財務報表、統計報表。　公司所

掌握的尚未進入市場或尚未公開的各類資訊。　公司職員人事檔案,工資性、勞務性收入及資料。　其他經公司確定應當保密的事項。

一般性決定、決議、通告、通知、行政管理資料等內部檔不屬於保密範圍。

第三條　公司秘密的密級分為「絕密」、「機密」、「秘密」三級。絕密是最重要的公司秘密,洩露會使公司的權益和利益遭受特別嚴重的損害;機密是重要的公司秘密,洩露會使公司權益和利益遭受到嚴重的損害;秘密是一般的公司秘密,洩露會使公司的權益和利益遭受損害。

第四條　公司秘級的確定

1.公司經營發展中,直接影響公司權益和利益的重要決策檔資料為絕密級。

2.公司的規劃、財務報表、統計資料、重要會議記錄、公司經營情況為機密級。

3.公司人事檔案、合約、協定、職員工資性收入、尚未進入市場或尚未公開的各類資訊為秘密級。

第五條　保密措施

1.屬於公司秘密的檔、資料和其他物品的製作、收發、傳遞、使用、複製、摘抄、保存和銷毀,由總經理辦公室或主管副總經理委託專人執行;採用電腦技術存取、處理、傳遞的公司秘密由電腦部門負責保密。

2.屬於公司絕密的資訊,除非經過董事長的批准,否則只有副總以上級別的人才能查看;屬於公司機密的資訊,必須經過總經理

的批准，否則只有部門經理以上級別的人才可以查看。

3.屬於公司秘密的設備或者產品的研製、生產、運輸、使用、保存、維修和銷毀。由公司指定專門部門負責執行，並採用相應的保密措施。

4.在對外交往與合作中需要提供公司秘密事項的，應當事先經董事長的批准。

5.不准在私人交往和通信中洩露公司秘密，不准在公共場所談論公司秘密，不准通過其他方式傳遞公司秘密。

6.公司工作人員發現公司秘密已經洩露或者可能洩露時，應當立即採取補救措施並及時報告總經理辦公室；總經理辦公室接到報告，應立即做出處理。

第六條　違反保密制度的處罰

1.出現下列情況之一者，給予警告，並扣發工資 100 元以上200 元以下：

⑴洩露公司秘密，尚未造成嚴重後果或經濟損失的。

⑵已洩露公司秘密但採取補救措施的。

2.出現下列情況之一的，予以辭退並追究其法律責任：

⑴故意或過失洩露公司秘密，造成嚴重後果或重大經濟損失的。

⑵違反本保密制度規定，為他人竊取、刺探、收買或違章提供公司秘密的。

⑶利用職權強制他人違反保密規定的。

十、離職管理制度

第一條　離職定義

1. 合約離職。指員工與公司合約期滿，雙方不再續簽合約而離職。

2. 員工辭職。指合約期未滿，員工因個人原因申請辭去工作。

3. 自動離職。指員工因個人原因離開企業，包括不辭而別或申請辭職，但未獲公司同意而離職。

4. 公司辭退、解聘。

(1)員工因各種原因不能勝任其工作崗位，公司予以辭退；

(2)公司因不可抗力等原因，可與員工解除勞動關係，但應提前發佈辭退通告。

5. 公司開除。指違反公司、國家相關法律、法規、制度，情節嚴重者，予以開除。

第二條　離職手續辦理

1. 離職員工，不論是何種方式離職都要填寫《員工離職申請書》，逐級經部門主管、行政部主管、總經理批准後方可辦理離職手續。

2. 普通員工離職，應提前 15 天提出申請。中級以上管理人員、專案主管及技術人員應提前一個月提出申請。

3. 經總經理批准可以離職的員工，應到行政部領取《員工離職審批表》，認真、如實填寫各項內容。

第三條　工作移交

員工離職應辦理以下交接手續：

1. 工作移交。指將本人經辦的各項工作、保管的各類工作性資料等移交至部門主管所指定的人員，主要內容有：

(1)公司的各項內部文件。

(2)經辦工作詳細說明(書面形式)。

(3)往來客戶、業務單位資訊，包括姓名、單位名稱、聯繫方式、位址、業務進展情況等。

(4)培訓資料原件。

(5)企業的技術資料(包括書面文檔、電子文檔等)。

(6)經辦專案的工作情況說明，包括專案計畫書、專案實施進度說明、專案相關技術資料等。

(7)其他直接上級認為應移交的工作。

2. 事物移交。指員工任職期間所領用物品的移交，主要包括：領用的辦公用品，辦公室、辦公桌鑰匙，借閱的資料、各類工具(如維修工具、移動記憶體、所保管工具等)、儀器等。

3. 款項移交。指離職員工將經辦的各類項目、業務、個人借款等款項事宜移交至財務室。

4. 其他公司認為應辦理移交的事項。

上述各項交接工作完畢，接收人應在《員工離職審批表》上簽字確認，並經行政部審核後方可認定交接工作完成。

第四條　結算

1. 當交接事項全部完成，並經部門主管、行政主管、總經理分別簽字後，方可對離職員工進行相關結算。

2. 離職員工的工資、違約金等款項的結算由財務室、行政部共

同進行。

第五條　轉移保險和檔案關係

員工辦理完離職手續之日起 15 日內，公司為員工辦理轉移保險和檔案關係的手續。

第六條　出具離職證明

工作合約解除或者終止時，公司為員工出具終止或解除工作合約證明。

十一、其他制度

以上介紹的都是公司中常見的規章制度，此外還有其他一些制度，例如出差管理制度、會議制度、借款報銷制度、安全保衛制度等。每個公司可根據本公司的實際情況制定。

心得欄 _____
_____
_____
_____
_____
_____

第 七 章

令人頭疼的降職處理

1 令人頭疼的員工降職處理

降職，無論對於員工還是企業，聽上去都是一個沉重的話題。降職猶如一把雙刃劍，如果善後處理得當，降職將成為企業的一個行動導向，對企業的發展相對有利；否則被降職的員工輕則離職而去，重則在企業中混淆視聽，散佈言論，給企業文化環境造成不良影響。

降職是指員工由原來的職位降低到比原來職位較低的職位。降職的原因一般如下：

⑴員工不能勝任原來職位的工作；

⑵員工自己提出降低職位要求，如自身健康狀況不佳，不能勝任繁重工作；

⑶組織變革、結構調整，精簡人員；

⑷員工違反組織紀律，組織對此作出的處罰。

對某名員工進行降職處理也可能會帶來完全相反的結果。降職處理可能會使員工感到不滿，使他對小組產生離心力，而這可能會在該名員工被降職之後引起各種各樣的問題的出現。這些問題包括：被降職的員工變得性情乖戾，生產力低下影響到整個小組的工作步伐；其他員工的士氣受挫，甚至有可能讓一些工作表現極佳的員工不得不選擇離開；被降職的員工在恢復生產力之後就立即辭職，這意味著你為他支付了尋找新工作期間的薪水；最為糟糕的是，被降職的員工可能會積極的對工作進行破壞。

除了要考慮到降職的後果之外，人力資源部門還要端正一個態度，不要以為所有被降職的員工都是不好的員工，要根據原因仔細分析。對於違反公司規定或犯了重大錯誤的員工，按照規定該降職的要降職，以達到懲戒本人、警示他人的效果。對於績效不佳的員工，應找出問題的根源，可能是因為態度問題(例如由於本性懶惰或對企業及上級不認可導致的態度消極或不願付出)，也可能是能力問題(例如應急晉升上崗後沒有經過必要的培訓與試用過程)。對於因不可抗拒的外部原因而降職的員工，例如機構改革、部門合併等非員工自身原因造成的降職，應該視實際情況給予員工安撫和補償，預防優秀員工離職。

也許有些公司對擬進行降職處理的員工還想留下來，這時候就要仔細地考慮是否真的想把被降職的員工留下來——考慮這對於整個公司來說是否是一個最佳的解決辦法。如果覺得這確實是一個最佳辦法的話，那麼就要投入相當多的時間和精力去制訂一個讓他們

留下的計劃。這些包括：

⑴如果在可能的情況下，要在採取行動之前同即將被降職的員工進行交流，這樣可以使他們不至於過於震驚。

⑵同即將被降職的員工進行的交流一定要徹底。

⑶在降職決定執行之後繼續保持同被降職員工的交流。

⑷確保被降職的員工能夠得到高級管理層的關注。

⑸讓被降職的員工做有意義的工作。

⑹為了讓被降職的員工繼續留下來，要制訂一個獎勵計劃。如果你決定對某名員工進行降職處理真的是迫於外部環境的壓力的話，應該考慮到這一點。

⑺如果伴隨著職位的下降，被降職的員工的收入也會下降的話，那麼就給他們提供一定的過渡薪水。

⑻經常在眾人面前對被降職者在新職位上的工作價值進行肯定和贊許。

也許，同對某名員工進行降職處理相比，讓他們下崗或是直接解僱他們是更為明智的做法。也許公司結構的流動性和靈活性決定了員工在被降職之後的未來發展將會十分有限，他們的職業熱情和信心可能是建立在現有的級別基礎之上的。所以，有時需要給他們提供離開的選擇。

2 容易惹爭議的員工晉升

　　一般來講，如果企業內部出現職位空缺，那麼用「空降兵」還是從內部晉升呢？如果內部員工符合職位的任職資格，他的晉升就代表著公司對其能力的認可，同時也是其地位的提升和價值的體現。在他的需要得到滿足後，就更願意付出更多時間和精力來獲得良好業績。當他晉升後，空缺的職位也為有實力的下屬提供了晉升的機會。

1. 是用「空降兵」還是「內部晉升」──職位空缺時面臨的首要問題

　　如果內部員工不符合職位的任職資格，也能讓其知道其真正的差距，並能在新的任職者到位後，積極配合工作，努力成長，為贏取下一次晉升機會積蓄知識和技能。

　　給內部員工機會，並不排除企業在必要的時候引進外部人才。但必須是在滿足內部員工尋求尊重和自我實現需求的前提下，消除引進外部人才決策對人才本身、原有其他員工及企業所帶來的消極影響之後進行。

　　對於成熟的企業來說，高層人才以內生為主，外部空降為輔。只有內生的人才才能更好理解企業的價值理念，更能深刻理解企業現狀與企業成長歷史的關係，做出的相關決策更能符合企業的實際情況，更能得到員工的認可，在保證決策有效執行的前提下減少溝通成本。在科林斯的名著《基業長青》中列舉的 18 家優秀公司從

1806 年到 1992 年的 113 位 CEO 中，只有 4 位是外聘的。看來，只有內部成長的經理人才能保持企業核心的一貫性。從員工角度看，企業應與員工一起做好員工的職業生涯設計；從企業角度看，企業應有合理的人力資源規劃，並建立起完善的培訓體系。

2. 職位晉升的依據是什麼

職位晉升對企業選擇人才、激勵員工具有重要作用。然而，現在許多企業實行的職位晉升制度，即根據員工業績大小擇優晉升高一級職位的選拔方式，存在著許多缺陷。

這種方式在設計上忽略管理工作的獨特性，犧牲了組織效率。它是基於如下假設：一個人在目前崗位上成績突出，就一定能在更高崗位上有所成就。

職位晉升意味著管理層次的提升，而管理工作不同於一般技術性工作，不同層次管理者處理問題的重點不同，對其技能要求也不同：

⑴高層管理者主要任務是謀求對企業最有利的競爭地位以實現經營目標，要求其具有根據內外信息確定企業發展方向和發展戰略等具有全局意義的大政方針的能力。

⑵中層管理者是上下級之間信息聯絡的橋樑，工作重點是人際溝通，與上級溝通以明確其工作意圖，與同級溝通以利協作，與下級溝通以提高其積極性，順利完成任務。

⑶基層管理者主要完成具體工作，對員工進行指導、控制並保證工作品質，因而須具備相關專業知識與技能。

這種制度的另一種假設是，根據可測成果選拔人才，對晉升者及其他員工都是公平的。其實，以表現的公平為代價，造成了事實

上的不公平，犧牲了企業效率。從晉升者來講，從熟知的、最能發揮特長的崗位，調到一個較陌生的、工作中會處處遇到障礙卻可能無力解決的崗位，究竟是獎勵還是懲罰？獎勵有多種形式，為優秀者提供良好工作條件，促使其有良好職業發展前景可能是最好的獎勵。如果給科技專家一個大的科研項目，往往比給他一個脫離其本行的行政職位所產出的效益要大得多。

　　這一制度的直接後果是，在其他方面有能力的人被提拔到不能正常發揮其能力的崗位，而這方面的合格者卻因為在與自己能力不匹配的工作中未取得好的成就而被排斥在外。每個人都未得到自己合適的位置，最終結果是使企業整體上處於管理混亂、效率低下狀態。

　　從實際操作效果看，這一制度還造成管理者為爭奪稀缺職位，在工作中產生管理行為短期化和本位化的結果。如注重部門短期成果，忽視長遠發展；部門之間缺乏相互溝通與配合的協作精神，只考慮部門內部利益而忽略整體效益。

3 降職的流程

圖 7-3-1　員工降職流程

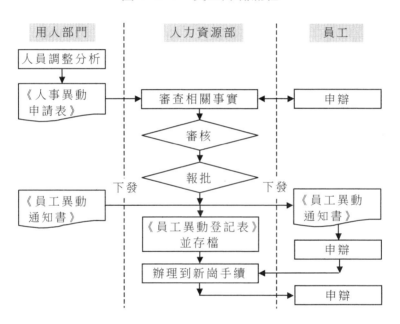

1. 部門負責人根據本部門發展計劃和職位變動、員工考核等情況進行人員調整分析，向人力資源部提出員工降職申請，填寫《人事異動申請表》；

表 7-3-2　人事異動申請表

編號：　　　　　　　　　　　　　　　填表日期：

姓名		性別		年齡	
學歷		專業		到崗日期	
申報類別	□調動	□晉升	□調資	□降職	

原位	部門		調位	部門	
	職務			職務	
	職位			職位	
	工資級別			工資級別	

原因	
所附材料	

人事異動生效日期				
原職位	部門主管		現任	部門經理	
	人力資源部主管			人力資源部主管	
總經理審批意見				

　　說明：本表一式五份，一份送財務部，一份送原職位部門，一份送調位部
　　　　　門，一份送本人，一份存檔備查。

　　2.人力資源部結合人力資源規劃及相關政策，審核、調整各部
門提出的降職申請。

⑴部門人員發展計劃是否可行；

⑵部門內人員變動人數是否屬實；

⑶所提出的降職人員是否滿足降職條件；

⑷綜合考慮各部門職位變動情況，調整各部門降職申請。

3.人力資源部應當與當事人進行溝通，允許員工進行申辯。

4.人力資源部做出降職報告(內容應包括擬降職人員名單、降職原因和將至何職位等)。

5.人力資源部將相關降職材料呈報上級主管部門審批。呈報材料應包括：

⑴主管對該員工的全面鑑定；

⑵員工績效考評表；

⑶員工培訓及培訓考評結果；

⑷具有說服力的事例；

⑸擬異動的職務和工作；

⑹其他有關材料。

人力資源部同時還應填寫《員工異動通知書》。

6.人力資源部將審批後的《員工異動通知書》發至本人及相關部門；人力資源部填寫人員異動登記表及相關人事檔案並保存。

7.接到降職通知的員工，需在一定時間內交接好工作，進入離職流程，到人力資源部辦理任免手續。

表 7-3-3　員工異動通知書

姓名			性別			年齡	
異動關係							
原 職 位	部門			現 任	部門		
	職務				職務		
	薪資				薪資		
異動原因							
所附材料	□員工績效考評表 □主管對該員工的全面鑑定 □員工培訓及培訓考評結果 □具有說服力的事例 □其他材料						
異動生效 時間							
人力資源部 經理		原職位 部門經理		調位部 門經理		總經理	

4　員工異動制度

員工異動管理辦法

1. 目的

為建立、健全正常的人才流動秩序，保持公司員工相對穩定，有效地進行員工異動管理，特制定本辦法。

2. 範圍

公司各部門員工的調動、離職、晉升、降職及因之產生的工作交接等問題均參照本辦法執行。

3. 員工異動工作程序

(1)員工調動

①公司根據工作需要，可隨時調動任一員工的職務或工作地點，被調動的員工應服從公司安排，不應延遲或推諉。

②各部門負責人應瞭解轄內所屬員工的個性、學識和能力，力求人盡其才以達到人與事相互配合，但必要時亦可申請調動其他部門員工到本部門工作或申請從本部門調出某員工。

③企業內員工在一個崗位上工作滿一年以上，或由於其他原因不便在原崗位工作，只要工作能力強，敬業愛崗，連續兩個考核期績效考核合格，沒有重大違規、違紀事件的，亦可用書面報告的形式申請調動。

④員工調動的申請、審批應遵循如下程序：

a.主任級以下人員在所屬一級部內調動，由申請部門(人)填寫

《人事異動申請表》，部門負責人簽字、蓋章後，提交給所屬一級部部長(單位負責人)審批同意即可，但需報人力資源部備案；若跨部門調動，則需要調入、調出部門部長均同意，並經人力資源部批准方可執行。

　　b.主任級人員在所屬一級部內調動，由申請部門(人)填寫《人事異動申請表》，部門負責人簽字、蓋章後，提交給所屬一級部部長(單位負責人)審核，再報給人力資源部部長審批；如跨部門調動，則需要調入、調出部門部長均同意，再報給人力資源部部長審批。

　　c.高管層人員調動，由人力資源部(申請人)填寫《人事異動申請表》，人力資源部長簽字後，提交總經理審批通過方可。

　　d.所有調動必須在定編範圍內執行，超出定編範圍時，必須先填寫《人員需求申請表》辦理增編審批手續。

　　⑤主任級及以上人員的調動均需經過面試或考核方可上崗，具體參見《招聘管理辦法》的相關規定。

　　⑥員工調動工作交接手續參照後續條款的相關規定。

　(2)員工離職

　　①員工的離職分為「辭職」、「辭退」、「工作合約終止」、「退休」、「死亡」等五種情況：

　　a.辭職：是指員工提出解除工作合約的行為。

　　b.辭退：是公司提出解除工作合約的行為。屬下列情形之一的員工，可予辭退：

　　‧因業務緊縮需要裁減者；

　　‧經醫生證明有傳染性疾病，或其他疾病有礙工作及公共衛生

　者；

・ 違反公司規章，績效考核不合格，經培訓、考核仍不符合公
　司要求者；

・ 員工在試用期經考核認定不符合公司要求的；

・ 其他不適應公司工作要求，應予辭退的。

　c.工作合約終止：合約期滿，簽訂合約的一方不同意續延工作
合約的行為。

　d.退休：是指員工達到規定的年齡（男 60 週歲，女 55 週歲）
或企業規定的退休工作年限可予退休。

　②員工離職審批

　a.員工因辭退、試用不合格、退休等原因而離職，其審批程序
如下：

・ 主任級以下員工，由所在部門填寫《員工離職審批表》，部
　門主管簽字、蓋章，經所屬一級部部長（單位負責人）批准
　後，員工所在部門（單位）負責將該表及相關資料報人力資源
　部備案。

・ 本部主任級員工，由所屬一級部門（單位）填寫《員工離職審
　批表》，部長（單位負責人）簽字、蓋章，並派員將該表及相
　關資料報人力資源部批准。

・ 高管層以上人員，由人力資源部負責填寫《員工離職審批
　表》，人力資源部長簽字、蓋章，離職必須經總經理批准。

　b.員工因辭職、合約期滿不續簽等原因而離職，員工須自己於
請辭日 30 天前填寫《員工離職審批表》，書面提出離職申請，審批
程序同前述條款的相關規定。

c.員工在未經批准前不得離職,擅自離職者以曠工論處,公司有權凍結其人事關係、養老保險、公積金或其交納的培訓費和服裝費等,並按照相關規定扣發其薪資及績效獎金。

③員工離職手續辦理

a.工作交接手續辦理參見後續條款的相關規定。

b.如離職人員按正常手續工作交接完畢並離職後,再發現有財物、資料或對外應收賬務款項有虧欠未清者,由其主管承擔連帶責任,並應負責進行追索。

c.完成工作交接的員工,方可辦理離職手續,其具體內容為:

‧辦理保證金退款手續;

‧辦理養老保險轉移手續;

‧辦理人事關係轉移手續;

‧辦理黨團關係轉移手續;

‧辦理工資轉移手續;

‧核定離職薪資及績效獎金;

‧對申請並核准退休的員工,由人力資源部協助辦理退休手續及退休證的領取事宜;

‧當辭職人員有要求時,人力資源部應為其出具工作履歷及績效證明。

④因本人提出辭職而離職的員工,人力資源部應安排時間選派人員與之面談,瞭解辭職具體情形及原因,徵詢其對公司的意見並填寫《員工離職審批表》中面談記錄一欄。

⑤人力資源部人事管理專員每季應編制《人員流動情況分析表》,對員工離職情況進行跟蹤分析。

(3)員工晉升

①晉級

a.晉級條件：

‧ 連續三個考核期考核成績優良，可以晉升工資一級；

‧ 所管理部門連續兩個考核期財務指標完成情況名列前三名的，部門負責人晉升一級工資。

‧ 其他由公司臨時決定的獎勵升級。

b.員工晉級審批，參照員工薪資級別變動審批手續執行：

‧ 主任級以下人員級別變動，由用人部門(單位)填寫《人事異動申請表》，部門負責人簽字、蓋章後，提交給所屬一級部部長(單位負責人)審批同意即可，但需報人力資源部備案；

‧ 高管層人員級別變動，由人力資源部填寫《人事異動申請表》，人力資源部長簽字、蓋章後，提交總經理批准通過方可；

‧ 其餘人員級別變動，由用人部門(單位)填寫《人事異動申請表》，部門負責人簽字、蓋章後，提交給所屬一級部部長(單位負責人)審核，報給人力資源部長批准即可；

‧ 所有員工級別變動案，以人力資源部正式公佈的《員工調薪通知單》為準；

‧ 《人事異動申請表》與《員工調薪通知單》應存人員工管理檔案。

②晉職

a.公司內出現職位空缺，首先考慮從內部調整或晉升；人力資源部根據核准後的《人員需求申請表》報人力資源部長批准後，在

公司公開招聘。原則上，公司所有員工晉職應通過內部競聘方式產生。

　　b.公司工作三年以上，從事相關崗位工作兩年以上，連續兩個考核期的考核成績優秀者均可參加內部競聘上崗。

　　c.所有晉升人員的面試及審批過程均參照《招聘管理辦法》的相關規定執行。

　　d.員工晉職依據、方法

　·員工晉職的依據及著重考核的標準：

　　——具備晉升職位的技能及管理能力；

　　——具備晉升職位所需的有關工作經驗和資歷；

　　——在職工作表現及操行良好；

　　——具備較好的適應性及潛力；

　　——已經完成晉升職位有關的培訓課程；

　　——可以提供接替其職位的合適人選。

　·員工晉職方法：

　　——個人資料的審查，包括報名者的所有檔案資料、各考核期績效考核的相關資料；

　　——實施晉升考試，由人力資源部和相關部門聯合命題；

　　——提交自我評述報告，並提供兩名接替自己崗位的候選人；

　　——人力資源部與相關部門組成面試小組對報名者進行綜合面談，面試和錄用審批具體參照《招聘管理辦法》的相關規定。

　　e.員工晉升後進行考核，合格後正式任命，其他員工參與晉升的報名資料作為儲備，進入人才資料庫。

f.晉升員工的調職工作，參見相關條款辦理工作交接手續。

(4)員工降職

①降級

a.降級條件：

‧連續兩個考核期考核成績不合格，降工資一級；

‧所管理部門連續兩個考核期財務指標完成情況位列後三名的，部門負責人降一級工資；

‧因工作失誤給公司造成損失的，酌情降級、降職直至開除；若損失重大，部門負責人應承擔連帶責任，酌情降級、降職直至開除；

‧其他由公司臨時決定的懲罰性降級。

b.降級審批

參見相關規定。

②降職

a.在人力資源部組織下，各部門依據公司《員工考核管理辦法》對員工進行績效考核，考核不合格的員工重新進入試用期，試用期的時間由具體用人部門確定；試用期考核合格者可續聘原崗，試用期考核仍不合格者，予以降職。

b.降職審批應遵循如下程序：

‧主任級及以下人員降職到所屬一級部（單位）內其他崗位，由原任部門填寫《人事異動申請表》，部門負責人簽字、蓋章後，提交給所屬一級部部長（單位負責人）審批，報給人力資源部備案即可；若降職到其他部門（單位），則需要在徵得調入部門部長（單位負責人）同意的前提下，報人力資源部審批

通過方可;

· 若高管層人員不符合現崗要求,人力資源部負責填寫《人事異動申請表》提出降職方案,人力資源部長簽字、蓋章後,提交總經理審批通過方可;

· 若被降職人員無法在所屬單位內找到新的工作崗位,則其人事關係轉移到公司人力資源部待崗,由人力資源部協助其在企業內尋求其他的就業機會,若該員工在 6 個月仍未在企業內被重新聘用,則予以辭退。待崗期間的薪酬按照《薪酬核算辦法》的相關規定執行。

(5)工作交接手續辦理

①所有員工調動需由人力資源部出具正式書面通知,並抄送調人、調出部門等相關部門及單位,通知有關部門及員工辦理相關的調動手續;主任級以上人員調動應發佈正式文件。人員調動的書面通知和文件應作為該員工的基本信息之一,收錄到員工的個人檔案中。

②異動員工接到任免通知,中層及以上員工需於 10 日內,其他人員需於 7 日內完成工作交接。由於所管事物特別繁雜,無法如期辦理移交手續時,可向調入、調出部門負責人申請酌情延長,最長以 5 日為限。

③異動員工離開原職時應辦妥工作交接手續,才能赴新職單位報到,否則以移交不清論處。

④異動員工與繼任者辦理工作交接手續的具體內容如下:

a. 完成《離職(調動)交接表》中相關部門及內容的確認工作;

b. 將現職務(崗位)所負責的工作交代清楚,有未完成的或尚未

解決的事宜，工作交接時必須提交文字說明資料；

c.列清單移交現職務（崗位）保管的工具，工作資料、帳冊和物品；

d.列清單移交與工作有關的職章與鑰匙；

e.結清財務、業務賬務，或詳列明細並附相關單據呈送直接領導簽核後，移交給繼任者；

f.其他上級主管或繼任者要求澄清的事情。

⑤確因工作需要，應盡快到新崗位任職，而繼任者又未到職，異動員工應與其直屬主管進行工作交接。

⑥一級部門部長工作交接時應由總經理派員監交，主任級及以下人員工作交接時可由該單位主管人員監交。

⑦異動員工辦好工作交接手續後，其交接清單及所附移交資料由監交人詳加審查，並簽核確認。如在交接過程中發生爭執應由監交人述明經過，會同移交人及接收人擬具意見呈報上級主管核定。

⑧人力資源部憑監交人確認的《離職（調動）交接表》，督導該員工辦理其他相關手續。

⑨異動員工過期不移交或移交不清者得責令於 10 天內交接清楚，其缺少公物或致公司受損失者應負賠償責任。

⑩本公司員工外派往培訓或考察，時間較長需辦理工作交接時，也應參照以上條款執行。

本辦法從頒佈之日起開始執行。

5 員工的異動管理

缺乏明確而公開的晉升標準,也沒有一個強力的晉升評估工具,導致員工認為晉升不公而去職。

建立一個內部晉升的結構化流程,使晉升決策的重要標準流程化、明確化,對增加員工忠誠度及減少員工流失非常重要。

(案例)

某公司對於公司內部中層管理人員以上的職位晉升的依據一直是根據員工過去的績效及直線上司的建議。技術部經理辭職之後,人力資源部開始挑選下一任經理。

技術部經理之下設有兩個高級技術主管,一個是負責程序開發的王翔,另一個是負責軟體模塊研發的李賀,他們各自負責帶領一個技術團隊完成技術部經理安排的工作任務。如果單純從過去的考核結果來看,無法作出判斷,因為這兩個高級技術主管在過去兩年的績效都顯示為優。

為此,人力資源部經理和即將離職的技術部經理專門做了一次長達三個小時的面談。技術部經理提供的信息是:程序開發主管王翔專業能力非常強,性格溫和,有時候和下屬員工相處融洽,但執拗起來也會經常發生衝突,不善於控制個人的情緒,容易激動,好在是個直率的人,從不記仇,非常適合做一個專業技術人員;研發主管李賀則為人謙和,性格溫順而偏於

內向，頗得部門員工與其他部門同事的喜歡，但欠缺創新衝動與意識，在技術創新上稍嫌平庸。兩個人都有優勢，但都有較大的不足。技術部經理建議，從技術部的 25 名員工中做個摸底調查，或是找幾個核心技術人員溝通。

在與 8 位核心技術人員做了溝通後，瞭解了他們對二位主管的評價。而且這些員工傳遞了一個重要信息：程序開發主管王翔是技術型員工，不善於在管理線發展，更適合走專業路線，這與技術經理給出的信息是一致的。

於是，公司做出了任命決定：研發主管李賀接任經理一職，程序開發主管王翔則任命為資深程序開發工程師兼經理助理。這樣造成一種平衡，讓二人協調配合管理部門工作。

結果出來後，首先是一些不知情的技術人員質疑公司的晉升標準：憑什麼不讓一個技術能力出眾的人員獲得晉升機會？其次，王翔的反應非常激烈，他非常坦誠地告訴人力資源部經理，他非常希望自己從一個專業技術人員的角色向管理角色過渡，這是他的職業發展計劃。而在此之前人力資源部卻沒有瞭解到這一點。這顯然是整個晉升決策過程中最大的一個失誤。

一個月後，王翔非常堅決地離開了公司。儘管 HR 為李賀提供了很多培訓與協助，但生性溫和的李賀還是沒能管束得住個性張揚的技術人員，尤其是那些抱有即使技術過硬也不會有晉升機會偏見的員工更為明顯。在李賀就任經理不到四個月後，開展工作舉步維艱的李賀也提交了辭職函。

〈說明〉

　　以上案例中表明這次晉升是失敗的。這種無效的晉升會讓企業的效率低下，晉升一個不稱職的員工甚至會對公司帶來直接的不利影響，而不公平的晉升還會引起員工的抵觸、猜疑和擔心。作出有效晉升決策的五個步驟：

　　⑴確定晉升方法。員工的方法很多，包括職位階梯、職位調整、職位競聘及職業通道。在本案例中，HR 是出於人員調整需要而作出職位調整的晉升。在面對兩個相對合適的候選人的情況下，既缺乏對員工管理潛能的瞭解，也沒有對員工未來發展方向做一個調查與評估。

　　⑵明確並公開晉升條件。每一個職位都有特定而明確的工作職責，要求具備什麼樣的條件與資格都應明列其中。本案例中，HR 忽略了一個非常重要的工作：在平時注意收集每一個員工目前的職位、經驗和上一級職位所要求的條件。據此瞭解員工是否滿足晉升條件，以及如果員工不滿足條件，還需要什麼額外的培訓等。當出現一個空缺職位時，就可以從這些信息中甄選合格的晉升者。如果發現內部缺乏合適的候選人，就必須考慮外部招聘。在作出職位調整的內部晉升時，建議 HR 將任職條件、資格等向內部員工明確並公開。

　　⑶評估候選人資格。對潛在的候選人進行資格評估，評估內容包括知識、技能和個人品質等，評估方法包括三個方面：績效評估、直線上司/下屬的回饋建議、HR 平時收集的信息。本案例中，HR 儘管做到了前述二項評估，但卻沒有對平時掌握的信息進行綜合評估，僅僅依靠他人主觀的觀點而做出晉升決定，這顯然是不足的，

很難做到客觀。僅憑直線上司/下屬的建議是很難作出非常準確的評估，HR 做出的數據收集可以作為正式評估的有效補充。

(4)與候選人溝通。這個過程是評估潛在候選人對新職位的渴望程度及勝任力情況。一方面，考查候選人對承擔新職位的意願；另一方面，直接通過溝通瞭解候選人的勝任力。這個過程類似於對外公開招聘的面試過程，不可或缺。本案例失敗的一個重要原因，就是沒有對兩個候選人做一個面對面的溝通，瞭解其出任新職位的意願，使 HR 對程序開發主管的判定有失偏頗。

(5)公開晉升決定。完成與候選人的溝通後，HR 對職位需求與候選人的資格與勝任力有了一個較為準確的把握，即可作出晉升決定。

一般來講，人員轉正錄用、調薪、晉升降職、內部調動、離職等均涵蓋在人事異動的管理範圍之內。

晉升：依照員工的工作表現，結合員工具體學識、能力、工作經驗等要素，對滿足工作條件需要之員工作出由低到高的職位調整。其中可能包括工資的調整。

降職：依照員工的工作表現，結合員工的具體學識、能力、工作、經驗等要素對不適合從事主要崗位的工作人員作出由高到低的職位調整。其中可能包括工資的調整。

內部調動：依照員工的工作績效，結合員工本身的工作能力、學識、經驗等要素，結合公司各部門人員需求，優化人員管理，對從事某一崗位的員工調任至另一工作崗位的人事管理。具體分為臨時借調和正式調動，其中時限為兩週內的調任為臨時借調，超出兩週時間的為正式調動。

調資：依照員工的工作績效，結合員工本身的工作能力、學識、經驗等要素和企業的經營狀況，對員工的工資進行調整，包括提高工資和降低工資。

6 員工晉升制度範例

第一條　為加強員工職位晉升管理，實現人與事、能力與崗位的最佳匹配，把考核與使用緊密結合，把組織目標與員工職業發展目標結合起來，留住並激勵優秀人才，確保組織目標順利實現，特制定本規定。

第二條　晉升的原則

(一)德才兼備、任人唯賢的原則。

(二)公開、平等、競爭、擇優的原則。

(三)按標準、程序辦事，一般應堅持逐級晉升的原則，特殊情況下管理人員一次晉升最多不超過 2 級。

第三條　晉升的前提

(一)必須是崗位需要，即存在有空缺的較高職位。

(二)必須考核合格，符合所晉升職位的標準。

第四條　晉升的條件

(一)管理人員晉升的條件

1.素質合格；

2.員工在原來的職位表現出較強的工作能力，具備新的工作職

位所要求的知識水準和工作技能；

3. 工作經驗豐富，業績突出；

4. 工作責任心強；

5. 身體健康。

(二)專業技術人員晉升的條件

1. 遵守憲法和法律；

2. 具備履行相應職責的實際工作能力和業務知識；

3. 一般應具備相應的學歷；

4. 取得相應專業技術任職資格；　身體健康，能堅持工作。

(三)工人晉升的條件

1. 自覺遵守法律、紀律和各項規章制度；

2. 熟悉業務，工作積極；

3. 注重安全，無責任事故；

4. 能夠履行崗位職責，完成工作任務；

5. 須取得相應的職業技能等級資格證書。

第五條　確保晉升公開、公平、公正的措施

(一)建立完善考核體系，保證考核(考察)的客觀公正，並將考核結果作為員工職位晉升的主要依據。

(二)公開明確、具體的晉升政策、程序、方法；保證讓所有符合資格的員工有公平競爭的機會；提高員工對晉升決策的參與程度，客觀公正地作出正確的晉升決策。

第六條　管理人員晉升具體資格要求

(一)科員晉升

1. 三級科員崗位工資檔別晉升按以下辦理：

⑴崗位檔別 3 檔的三級科員任職滿 5 年,或連續工齡滿 5 年,可晉升到崗位檔別 4 檔的三級科員;

⑵崗位檔別 4 檔的三級科員任職滿 5 年,或連續工齡滿 10 年,可晉升到崗位檔別 5 檔的三級科員;

⑶崗位檔別 5 檔的三級科員任職滿 5 年,或連續工齡滿 15 年,可晉升到崗位檔別 6 檔的三級科員。

2. 三級科員晉升二級、一級科員,一般應具備員級專業技術職務任職資格,且晉升後其新職位的工作內容、職責及崗位標準須有變化:

⑴無專業技術職務任職資格的三級科員任職滿 3 年,具有晉升二級科員資格;

⑵無專業技術職務任職資格的二級科員任職滿 3 年,具有晉升一級科員資格;

⑶二級科員晉升到一級科員編制崗位,無專業技術職務任職資格,而且晉升前後崗位工作內容無變化的,則須任二級科員滿 10 年,才有晉升資格。

3. 具備員級專業技術職務任職資格並聘任的專業技術人員,需轉到管理崗位的,可聘任一級科員。

4. 一級科員連續 3 年考核被確定合格以上等次的,具有晉升三級主辦科員的資格。

(二)主辦科員晉升

1. 主辦科員一至三級原則上應具備助理級及以上專業技術職務任職資格,連續 4 年考核被確定合格以上等次的,才具有晉升職務的資格;連續 2 年考核被確定優秀等次的,具有優先晉升職務的

資格；

2. 員級或無技術職務任職資格的，二級主辦科員晉升到一級主辦科員編制崗位，須任二級主辦科員滿 15 年，才有晉升資格；

3. 根據需要，考核合格以上等次的二級主辦科員，可隨時聘任為股職建制單位正職（與一級主辦科員相當的職務）等；

4. 具備助理級專業技術職務任職資格並聘任的專業技術崗位人員，需轉到管理崗位的，一般可聘任二級主辦科員；但工作能力一般的，或崗位編制的限制，亦可聘任三級主辦科員及以下職位。

(三)高級科員、主任科員晉升

1. 高級科員須具備高級專業技術職務任職資格，主任科員一至二級必須具備中級及以上專業技術職務任職資格；連續 3 年考核被確定合格以上等次的，才具有晉升職務的資格；連續 2 年考核被確定優秀等次的，具有優先晉升職務的資格；

2. 考核合格的一級主任科員，具有晉升科室副職的資格；

3. 具備中級專業技術職務任職資格並聘任的專業技術崗位人員，需轉到管理崗位的，考核優秀的，具有一級主任科員任職資格；考核合格等次的，可聘任二級主任科員；工作能力一般的，或崗位編制的限制，亦可聘任為主辦科員；

4. 具備高級專業技術職務任職資格並聘任的專業技術崗位人員，需轉到管理崗位的，考核合格以上等次的，具有高級科員任職資格；工作能力一般的，或崗位編制的限制，亦可聘任為一級主任科員及以下職位。

(四)科室正副職及相當職務人員晉升

1. 科室正副職及相當職務人員連續 5 年考核被確定合格以上

等次的,具有晉升職務的資格;連續 3 年考核被確定優秀等次的,具有優先晉升職務的資格;

2.中級專業技術崗位人員,考核優秀的,具有科室副職任職資格。

(五)部門正副職及相當職務人員晉升

1.高級專業技術崗位人員,考核合格以上等次的,具有科室正職及相當職位任職資格;高級專業技術人員任職滿 3 年,考核符合要求的,具有部門副職或相當職位的任職資格;

2.中層管理人員晉升按《某集團高中級管理人員管理辦法》辦理。

(六)有資質要求的職位(如項目經理)晉升,應具備相應的資質;財務主管應從具有會計師任職資格的人員中聘任,至少應具備助理會計師任職資格。

(七)員工職位晉升後工資待遇的處理

1.根據工作需要和不拘一格選拔使用人才,確實必要時,組織可破格提升員工的職位。

員工職位破格晉升後,原則上按新擔任的職位享受工資待遇;若新職位對應崗位工資檔別超過晉升前 2 檔者,自晉升之日起 2 年內按不超過晉升前 2 檔享受崗位等級工資待遇,新職位滿 2 年後,可按新職位對應崗位工資檔別享受待遇;

2.對於取得專業技術職務任職資格並聘任,同時晉升(聘任)到工資檔別與專業技術職務對應的管理崗位的員工,按新擔任的職位享受工資待遇。

第七條 專業技術人員的晉升

（一）正規全日制院校畢業生見習期滿，人事部門對其德、勤、能、績全面考核，合格者確認相應專業技術職務任職資格後，按崗位需要，可聘任相應專業技術職務或相應的初級管理職位：

1. 中專畢業，見習一年期滿，可聘為「員級」；或考核優秀的，聘為一級科員，考核合格的聘為二級科員；

2. 大專畢業，見習一年期滿，可聘為「員級」，再從事專業技術工作兩年，可聘為「助師級」；或大專畢業見習期滿，可聘為一級科員；

3. 大學本科畢業，見習一年期滿，可聘為「助師級」；或考核優秀的，聘任二級主辦科員；但工作能力一般的，或崗位編制的限制，亦可聘任三級主辦科員及以下職位；

4. 碩士學位獲得者，可聘為「助師級」，從事專業技術工作三年，可聘為中級職務；

5. 博士學位獲得者，可聘為中級職務。

（二）企業按照因事設崗、精簡高效、結構合理、群體優化的原則，設置專業技術工作崗位；並從符合相應任職條件的專業技術人員中，依據專業技術人員履行崗位工作能力、工作態度及工作業績，擇優晉升（聘任）。

（三）專業技術人員年度考核被確定為合格以上等次的，才具有續聘或晉升的資格。

第八條　工人職業技能等級的晉升與聘用

（一）根據生產（工作）實際需要，合理設置各檔次工人比例，按設崗擇優晉升（聘用），堅持逐級晉升的原則，個別特別優秀的，可破格晉升，但從嚴掌握破格條件。

(二)年度考核被確定為合格以上等次的，才具有續聘或晉升的資格。年度考核被確定為優秀等次的：初級工具有優先聘用中級工資格；中級工具有優先聘用高級工資格。連續 2 年考核被確定為優秀等次的高級工，具有聘任技師的優先資格；連續 2 年考核被確定為優秀等次的技師，具有聘任高級技師的優先資格。

(三)從事工人工作的正規全日制院校中專畢業生，見習一年期滿，可聘用為高級工，並享受高級工技術等級津貼；自任高級工起 2 年內應取得相應職業技能等級，否則取消技術等級津貼。

第九條　晉升(聘用)工作要求

(一)各級管理者、尤其是人事部門對員工職位晉升工作，要高度重視、非常慎重，一定要從確保組織目標順利實現出發，應當首先晉升工作能力強的員工，破除晉升論資排輩，不拘一格選拔人才。

(二)嚴格按照晉升的標準、程序和有效的考核結果來篩選候選人，防止以的個人好惡或主觀印象左右員工職位晉升決策。

(三)堅決防止將晉升等同於獎勵的錯誤做法。員工雖然過去工作業績突出，但不具備晉升到某一職位所需要的工作能力，堅決不能晉升。

第十條　企業組織中，越高的職位數目越少，員工晉升的機會總是有限的，許多員工的晉升需求難以得到滿足，因此，各級管理者、人事部門力求做到晉升決策合理，同時應該與那些想晉升卻未獲晉升的員工加強溝通，儘量減少可能帶來的負面影響，並採取以下途徑來激勵員工。

(一)採用雙重職業途徑，即建立管理人員和專業技術人員平行的職業發展體系。集團公司建立的崗位等級工資制度，已為管理人

員、專業技術人員、工人分別提供單獨的薪酬結構，使專業技術水準高的技術人員不必進入管理層，也可享受相應的工資報酬。組織原則上不將希望終身從事技術工作、對管理工作興趣不大的員工強行提拔到管理崗位上。

(二)採用職位輪換。讓員工在同一崗位等級的不同職位工作中獲得多方面的工作經驗，學習和施展多種技能，提高員工的工作滿意度。

(三)採用年度考核獎勵。建立並完善年度考核獎勵機制，按員工貢獻大小，適當拉開差距，充分發揮考核獎勵的激勵作用。

7 企業員工晉級的流程

晉級，是指不提升員工的職務級別，而是通過提高員工的薪資待遇作為一種激勵方式。

1. 明確晉級條件。企業研究和確定員工晉級條件的標準。例如：

⑴連續三個考核期考核成績優良，可以晉升工資一級；

⑵提出合理化建議，每為公司節約成本或增加收入 50 萬元者，除給予一定金額的現金獎勵外，晉升一級工資；

⑶所管理部門連續兩個考核期財務指標完成情況名列前三名的，部門負責人晉升一級工資；

⑷其他由公司臨時決定的獎勵升級。

2. 每年績效考核完畢，人力資源部向各部門發出晉級的通知。

遵照符合條件的都可以晉級，不分配名額。

3.各部門提出晉級申請，進行員工晉級審批。根據員工的績效考核結果，對照企業的晉級條件和標準，由不同的部門提出晉級申請。例如：

⑴主任級以下人員級別變動，由用人部門（單位）填寫《人事異動申請表》，部門負責人簽字、蓋章後，提交給所屬一級部部長（單位負責人）審批同意即可，但需報人力資源部備案。

⑵高管層人員級別變動，由人力資源部填寫《人事異動申請表》，人力資源總監簽字、蓋章後，提交總裁批准通過方可。

⑶其餘人員級別變動，由用人部門（單位）填寫《人事異動申請表》，部門負責人簽字、蓋章後，提交給所屬一級部部長（單位負責人）審核，報給人力資源總監批准即可。

如果個人參照晉級標準認為自己符合晉級的條件和標準，也可以直接向用人部門提出晉級的要求，填寫《人事異動申請表》。

4.公佈晉級名單並公示一定時間。應當在企業的內部進行公示，收集意見。

5.如無異議，則下發員工調薪通知單。如有異議，調查取證，再次審核。

6.從約定的時間開始對於晉級員工實行新的級別工資。

圖 7-7-1 員工晉級流程

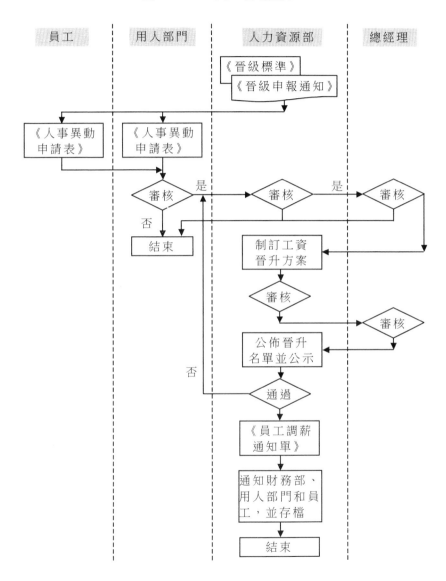

第 八 章

獎懲的具體作法

1 員工申訴制度的重要性

一、員工申訴與工作爭議的區別

員工申訴是一種內部溝通管道，它與員工向仲裁機構提出申訴是不一樣的。前者是依據企業制定的申訴制度和程序在企業內部進行的；而工作爭議是在仲裁機構的主持下，依照法律法規進行的申訴程序。

有時我們把員工申訴也稱為人事申訴。有些爭議也可以在企業內部先進行調解。即使是在企業內部，員工申訴的範圍和工作爭議的範圍也不一樣。

員工申訴的範圍一般是指公司員工因對公司對自己的獎懲、晉升、降級、調動等處理過程和結果有異議的可以進行人事申訴。而

工作爭議是指員工因為勞動時間、勞動強度、勞動報酬以及傷病與工作合約不符等原因引起不滿，而向公司提出的申請處理的請求。

員工申訴制度建立的意義在於使企業的溝通機制更加完善，同時保護員工的合法權益不受侵犯的一種制度。

二、員工申訴制度的基本內容

一般來講，員工申訴制度包括以下內容：

1. 規定員工申訴的範圍

首先必須明確那些情況可以提出申訴。例如對申訴人有不公平的待遇時，且不在員工職權範圍之內的，可以提出申訴。這樣可以避免本可以通過正常的管理管道得到解決的問題也通過申訴方式提出，從而導致管理的無序。

例如，員工申訴最常發生的是在績效考核之後的績效考核申訴。一般企業的績效考核制度中都會專門的設置「績效考核申訴制度」。當員工本人或週圍的人在績效考核過程中遭到「不公正待遇」並且申訴無果的時候，導致員工對考核者尤其是人力資源部門喪失信任，進而導致員工對績效考核的整體信任危機。因此對於申訴的處理，是否及時、公正，在很大程度上影響績效考核在員工心目中的公正性。因此，建立考核申訴制度尤為重要，而且必須要落到實處，讓員工能為自己說話、敢為自己說話。通過考核申訴制度的建立和執行，不僅能有效地推動組織的民主建設，還能檢驗組織管理制度的合理程度以及執行程度。

還有常見的是在獎懲中的申訴制度，它和績效考核類似。

總之，員工申訴的範圍應當是針對企業的人事制度及在具體的運作過程中的不公平運作時，員工能夠通過申訴制度來為自己說話，同管理部門進行溝通。

2.規定員工申訴的權責

員工有申訴的權利，也有申訴的責任。尤其對於申訴不符合事實的，必須承擔相應的責任。同時對於對假借申訴蓄意製造事端，無事生非、挑撥離間、陷害他人的，其行為將不被認定為申訴，同時公司將給予當事人嚴厲處罰。

3.員工申訴的受理權限

一般來講，總經理擁有員工考核申訴的最終裁決權。一般申訴由人力資源管理人員負責調查協調，提出建議。

4.申訴的保密協定

為了保護申訴人的權益，應當在員工提出申訴後和調查期間對有關事情嚴格保密。

5.申訴的程序

三、員工申訴受理的流程

⑴提交申訴。申訴人採取書面形式向人力資源管理人員提交《員工申訴表》。申訴書應寫明事由，並儘量詳細列舉可靠依據。

⑵申訴受理。人力資源管理人員接到部門或員工申訴後，應在一定時間內做出是否受理的答覆。對於申訴事項無客觀事實依據，僅憑主觀臆斷的申訴不予受理。

⑶申訴調查和面談。首先由人力資源管理人員對部門或員工申

訴內容進行調查，調查的同時進行協調，填寫《員工申訴調查協調表》。

(4)申訴評審。人力資源部與申訴人核實後，對其申訴報告進行審核，並組織被申訴人領導和人力資源部經理組成的申訴評審會，對申訴評審處理。填寫《員工申訴評審表》（表 8-1-1）。

表 8-1-1　員工申訴評審表

編號：　　　　　　　　　　　　　　　　時間：

申訴人姓名		部門		職位	
被申訴人姓名		部門		職位	
申訴事項	□考核　　　□薪資、福利　　　□其他				
申訴內容					
評審小組成員	所在部門		職位	與被申訴人關係	
評審意見					
總經理評審意見					

(5)申訴回饋。人力資源部在申訴評審完成後，應在規定的時間內將申訴評審處理結果回饋給申訴人，可以填寫《員工申訴回饋表》。

2 員工申訴制度的管理辦法

公司人事申訴制度
第一章　總則

第一條　制定本制度目的與範圍

1.目的：為保障公司員工的權利，保證公司人力資源管理的公正公平，特制定本制度；

2.適用範圍：公司全體員工(二級公司參照此管理辦法)。

第二條　人事申訴的條件：公司員工因對公司對自己的獎懲、晉升、降級、調動等處理過程和結果有以下異議的可以進行人事申訴：

1.對有知情權的事情原因、經過詢問仍不清楚的；

2.發現獎懲、職務變動標準沒有被嚴格執行的；

3.發現處理過程或結果存在嚴重不公的；

4.其他違反法律或公司原則和制度的。

圖 8-2-1　員工申訴流程

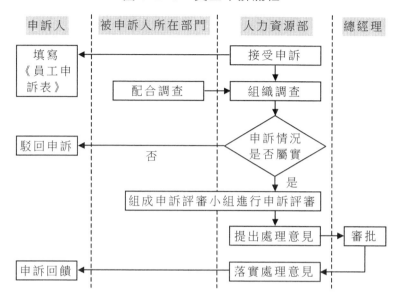

第二章　人事申訴組織與權限

第三條　人力資源部負責受理人事申訴，並負責調查申訴發生的原因，並查清事實；人力資源部在查清事實的基礎上進行人事申訴的處理或調解。

第四條　總裁和相關對人力資源部調解不成或責任中心負責人提出的人事申訴進行商議，作出最後裁決。

第三章　人事申訴流程

第五條　人事申訴按照以下步驟進行：

1. 當事人向人力資源部門遞交書面形式的申訴要求，申訴書應寫明事由，並儘量詳細列舉可靠依據；

2. 人力資源部接收申訴之後的 5 個工作日內完成對申訴事實

的調查，並進行處理或者調解；

3.如果調解不成功(或責任中心負責人提出)的人事申訴，人力資源部門在認為屬實的申訴書上簽署意見並將申訴書和調查材料交公司分管被申訴部門的分管(或總裁)審閱；

4.公司分管被申訴部門的分管(或總裁)根據調查材料和申訴書與當事人、人力資源部門核實，必要時另外組織調查：

5.在尊重事實的基礎上，公司分管被申訴部門的分管(或總裁)根據公司制度作出裁決；

6.對人力資源部門的申訴可以直接上交給公司分管人力資源部門的高層，但必須附有詳細符合事實的證明材料。

第六條　對申訴不屬實的，人力資源部門給予申訴人必要解釋，以消除誤會澄清事實。

第七條　對假借申訴蓄意製造事端，無事生非、挑撥離間、陷害他人的，其行為將不被認定為申訴，同時公司將給予當事人嚴厲處罰。

第八條　任何人不得以任何藉口對申訴人進行打擊報復。若發現對申訴人進行打擊報復的，公司將嚴厲懲罰相關人員。

第九條　有關因考評和薪酬產生的申訴，見《員工績效考核手冊》和《薪資制度》。

第四章　附則

第十條　本制度最終解釋權和修訂權歸人力資源部。

第十一條　本制度自頒佈之日起執行。

3 懲罰員工是一把雙刃劍

在進行懲罰時，一定要考慮週全，否則一方面會給員工造成錯誤的行為導向，另一方面處理不好，還會讓企業陷入糾紛之中。

（案例）

春秋時期，孫武攜帶自己寫的「孫子兵法」去見吳王闔閭。吳王看過之後說：「你的十三篇兵法，我都看過了，是不是拿我的軍隊試試？」

孫武說可以。吳王再問：「用婦女來試驗可以嗎？」

孫武也說可以。於是吳王召集一百八十名宮中美女，請孫武訓練。

孫武將她們分為兩隊，用吳王寵愛的兩個宮姬為隊長，並叫她們每個人都拿著長戟。隊伍站好後，孫武便發問：「你們知道怎樣向前向後和向左向右轉嗎？」

眾女兵說：「知道。」

孫武再說：「向前就看我心胸；向左就看我左手；向右就看我右手；向後就看我背後。」

眾女兵說：「明白了。」

於是孫武命人搬出鐵鉞（古時殺人用的刑具），三番五次向她們申戒，說完便擊鼓發出向右轉的號令。怎知眾女兵不但沒有依令行動，反而哈哈大笑。

孫武見狀說：「交代不清是將官們的過錯。」於是又將剛才一番話詳盡地再向她們解釋一次，再一次擊鼓發出向左轉的號令。眾女兵仍然只是大笑。

孫武說：「解釋不明是將官的過錯。既然交代清楚而不聽令，就是隊長和士兵的過錯了。」說完命左右隨從把兩個隊長推出斬首。

吳王見孫武要斬他的愛姬，急忙派人向孫武講情，可是孫武說：「我既受命為將軍，將在軍中，君命有所不受！」遂命左右將兩女隊長斬了，再命兩位排頭的為隊長，眾女兵無論是向前向後，向左向右，甚至跪下起立等複雜的動作都認真操練，再也不敢兒戲了。

（說明）

在這個故事中，孫武的一句話：「交代不清是將官們的過錯。」這裏首先講到的是管理者的責任。所以，在懲罰前，應當對員工進行告誡。

雖說沒有規矩不成方圓，除了獎勵外，懲罰也是企業進行員工管理的重要手段，但是在進行懲罰時，一定要考慮週全，否則一方面會給員工造成錯誤的行為導向，另一方面處理不好，還會讓企業陷入糾紛之中。

一、如何才能收到懲罰的預計效果

告誡可以使員工改變自己的不良行為，例如，曠工、遲到、隨

便請假等，是管理工作中一個不可缺少的方面。但是如何告誡員工才能收到預期的效果，而不至於使情況變得更壞？這裏面有一定講究。

1.事先要讓員工知道組織的行為規範

作為管理者，在對員工的違規行為進行告誡之前，應當讓員工對組織的行為準則有充分的瞭解。如果員工不知道何種行為會招致懲罰，他們會認為告誡是不公平的，是管理者在有意找茬兒。為組織制定一個行為規範並公之於眾是至關重要的。

2.告誡要講求時效性

如果違規行為與告誡之間的時間間隔很長，告誡對員工產生的效果就會削弱。在員工違規之後迅速地進行告誡，員工會更傾向於承認自己的錯誤，而不是替自己狡辯。因此，一旦發現違規，要及時地進行告誡。當然，注意及時陛的同時也不應該過於匆忙，一定要查清事實，公平處理。

3.告誡要講求一致性

一致性要求對員工進行告誡要公平。如果以不一致的方式來處理違規行為，規章制度就會喪失競爭力，打擊員工的士氣。同時，員工也會對管理者執行規章的能力表示懷疑。當然，一致性的要求並不是說對待每個人都完全相同。在告誡員工的時候，應該在堅持原則的前提下，具體問題具體分析。當對不同的員工進行不同的告誡時，應當使人相信這樣的處理是有充分根據的。

4.告誡必須對事不對人

對員工的行為進行告誡是因為員工的行為觸犯了規則，因此告誡就當與員工的行為緊密聯繫在一起。要時刻記住，你告誡的是違

規的行為，而不是違規的人。告誡之後，管理者就當像什麼都沒發生一樣，公平地對待員工。

5.告誡時應當提出具體的告誡理由

當對員工進行告誡時首先應當清楚地向員工講明在什麼時間內，什麼地點，什麼人，實施了什麼行為，違反了一個什麼樣的規則。如果管理者自身掌握的事實與員工講述的事實差距很大，應當重新進行調查。同時，僅僅引證公司的規章制度還不足以作為譴責員工的理由，因為這樣他們往往認識不到自己的錯誤，而抱怨組織帶來的損失，例如，遲到會增加別的員工的工作負擔，影響整個組織的士氣，導致組織的任務不能及時完成等。

6.以平靜、客觀、嚴肅的方式對待員工

告誡是基於權力之下的一種活動。管理者在告誡時，必須平靜、客觀、嚴肅地實行，以保證告誡活動的權威性。告誡不宜用開玩笑或者聊天的方式來實行，同時，也不能在告誡時採取發怒、告斥等情緒化行為。這同樣是不嚴肅的。告誡是為了讓員工改變行為，而不是吵架。

二、對違紀員工處理的方式

1.處理方式

按照法律規定，合約約定和內部規章制度對違紀員工的處理方式主要有以下幾種：

⑴行政處分。包括警告、記過、記大過、降級、撤職、留用察看、開除。

⑵行政處理。包括除名、違紀辭退。

⑶違紀解除工作合約。

⑷處罰。包括罰款（最多不超過當月工資的 20%）；賠償（由用人單位酌情確定具體數額，可以由違紀員工交付，也可以從其工資中扣除，但每月扣除數額不能超過當月工資的 20%）；違約金（可在合約中約定，數額應依據員工的承受能力確定，地方有規定的從其規定）。

⑸調崗降薪。

2.時限規定

對行政處分有時限要求，即從證實員工犯錯誤之日起，開除處分不得超過五個月，其他處分不得超過三個月。對行政處理、違紀解除合約和處罰等，無時限要求，但應及時處理。

3.處理要求

⑴事實證據要充分。

⑵適用法律、規章制度要準確。

⑶處理文書表述要全面、清楚。

有一個男主人養了一隻狗，相處時間長了，男主人發現那隻狗喜歡在房間裏小便，讓他苦不堪言。終於有一天男主人忍無可忍，他發現狗在房間裏小便時，迅速地把它抓住並從窗戶扔了出去。但從那以後，那隻狗並沒有改掉在房間裏小便的毛病，只不過在小便之後自動從窗戶跳出去而已。

4 沒有充分合理的理由，
公司不得隨意調崗調薪

（案例）

2008 年 2 月，張先生和某公司簽訂了一份為期兩年的工作合約。合約約定，張先生的工作崗位為總經理助理，月薪 8000元，主要職責是協助總經理處理公司日常事務，溝通協調各部門工作。2008 年 10 月，該公司突然將張先生調至總務部。崗位為行政助理，月薪 2800 元。張先生接到公司調令後，非常吃驚，也非常氣憤，於是找人事經理問個究竟。人事部的回答是張先生不能勝任總經理助理職位，所以將其調整為行政助理。張先生認為公司的做法沒有理由，擅自將其調到行政助理一職，侵害了其權益。

在談判不成的情況下，張先生提起仲裁，請求繼續履行原合約，並按原工資標準 8000 元支付工資。

勞動爭議仲裁委員會審理後認為，該公司將張先生從總理助理崗位調至行政助理崗位，月薪從 8000 元調至 2800 元，但卻不能證明其調崗調薪的充分合理性，應承擔舉證不能的後果，因此，支持了張先生的請求。

（說明）

張先生原來的崗位是總經理助理，月薪 8000 元，屬於公司的

中層管理人員，享受著中層管理人員的薪資待遇。公司在沒有經過張先生本人同意的情況下，將其調任行政助理一職，月薪降至 2800元，且行政助理的主要工作與張先生原來的總經理助理工作的性質完全不同。公司認為張先生不能勝任總經理助理工作，就應該拿出充分的證據來證明，但是公司既沒有相應的規章制度對總經理助理崗位的具體職責進行描述，也沒有相應的考評制度與標準，更沒有調崗調薪程式性的規定，無法證明其對張先生調崗調薪的充分合理性，因此，只能承擔敗訴的責任。

用人單位對其員工進行調崗要有充分合理性，特別是調崗的同時又降低員工薪酬的，不能濫用自己的用工自主權。為了便於企業證明其調崗調薪的充分合理性，建議企業可以制訂相應的規章制度，比如各部門各崗位的職能職責、各崗位的考核標準以及調崗調薪的程式等。有了相應的規章制度，企業按合理的程式進行調崗調薪，在應對員工提起的仲裁或訴訟時，就可以舉證證明其調崗調薪的充分合理性了。

用人單位調整工作者的工作崗位，藉口往往是工作者不能勝任其工作，但用人單位基於該理由做出調崗調薪的決定時，必須要注意以下幾點：

1. 用人單位要制定好崗位職責。

如果用人單位沒有崗位職責，就很難證明工作者不能勝任工作崗位，只有有了明確的崗位職責，才便於對工作者進行考核，證明工作者不能勝任工作崗位。

2. 用人單位要有充分的證據證明工作者不勝任工作。

這裏的「不能勝任」是指工作者不能按要求完成工作合約中約

定的任務或者同工種、同崗位人員的工作量,用人單位不得故意提高定額標準,使工作者無法完成。

因此,用人單位必須是在正常情況下證明工作者不能勝任工作崗位。用人單位要對員工進行考核,並且要保存工作者不能勝任工作崗位的證據。一旦用人單位以工作者不能勝任工作作為調整工作崗位的理由,雙方因此發生糾紛,用人單位要對工作者不能勝任工作承擔舉證責任。

5 企業在調崗過程中的技巧

規章制度的內容包括方方面面,很難有哪家企業的所有規章制度都是完全合法的。而《工作合約法》賦予了工作者相應的解約權,這是非常厲害的,因此,企業 HR 不得不全面修訂企業規章制度,力爭合法,避免處於被動地位。用人單位在制定、修改或者決定直接涉及工作者利益的規章制度時,不能違反或者超越法律法規,否則不僅是無效規定,不能制約工作者,而且如果因此損害了工作者權益,工作者還可以隨時解除工作合約。

(案例)

單位能否單方變更工作合約?

趙女士在一家公司擔任財務工作,每月工資 3000 元。但因為老闆的一位親戚要擔任財務工作,於是單位要求趙女士從事

行政工作，每月工資變為 1200 元。趙女士表示不同意，認為自己不適合幹行政並且調動崗位要協商一致。但不管她同意不同意，單位就發出一份通知書，宣佈她今後從事行政工作，雙方於是發生爭議。趙女士到勞動仲裁委員會申訴，要求公司繼續履行工作合約。趙女士的要求能得到支持嗎？

（說明）

　　工作合約的變更，是指工作合約生效以後，未履行完畢之前，勞動關係雙方當事人就已訂立的工作合約的部份條款達成修改、補充或者廢止協議的法律行為。工作合約一經訂立就具有法律效力，雙方當事人必須全面履行工作合約所規定的義務。但在實踐中，當事人在訂立合約時，不可能對涉及合約的所有問題都做出明確的規定；且由於客觀情況的不斷變化，會出現工作合約難於履行，或者合約的履行可能造成當事人之間權利義務的不平衡的情況，這就需要用人單位和工作者雙方對工作合約的部份內容進行適當的調整。因此，允許當事人在一定條件下變更工作合約，但要符合法定的條件和程式。任何一方不得隨意單方變更工作合約。

　　本案中，僅僅是由於老闆的親戚要擔任財務工作，公司就對趙女士進行調崗調薪，而該變更並沒有取得趙女士的同意，同時也不符合其他工作合約變更的情形，因此，公司單方面變更工作合約的決定是無效的。

　　為了確保調崗、調薪、調職的過程中儘量少發生爭議，減少法律風險，用人單位不但要在調崗調薪的過程中注意技巧，而且要在工作合約簽訂、日常管理中就要預防風險的發生，為此筆者提出如

下應對措施，以供企業參考：

1.在工作合約中，約定調崗、調薪、調職的彈性條款。

在與工作者簽訂的工作合約中，應該增加關於調崗、調薪、調職的彈性條款。例如：甲方(用人單位)可以根據工作的需要及乙方(工作者)的身體情況、工作能力、工作表現，調整乙方的職務、工作崗位，並根據甲方的效益情況、乙方的工作貢獻等調整乙方的工資。

2.在企業的規章制度中，明確約定調崗、調薪、調職的情形，並且要求工作者簽字確認。

用人單位除了在工作合約中約定調崗、調薪、調職的彈性條款外，最好在企業的規章制度中對調崗、調薪、調職的具體情形予以明確，用人單位在做出重要的規章制度時要進行公示，最好要求工作者簽字確認。

3.制定好崗位職責。

崗位職責對於企業來說非常重要，用人單位只有制定了崗位職責，明確了員工的工作職責，才能對員工進行考核，考察員工是否合格，是否符合崗位要求。如果用人單位沒有制定崗位職責，就無法考核員工是否符合崗位要求，是否勝任工作。用人單位也就無法以員工不勝任工作為由調整員工的工作崗位。

4.做好日常考核工作。

崗位職責制定出來後，還要做好員工日常工作的考核，要有明確清晰的考核制度和考核記錄，因為調崗、調薪、調職的證明責任由用人單位承擔。因此，用人單位一定要注意日常的考核。

5. 對要調崗調薪的員工提前就要注意考核，加強考核證據的保存。

很多用人單位對於員工的調崗調薪都是領導臨時拍腦袋決定，總想今天做出決定，明天就要更換員工的崗位和工資，這是不現實的。如果確實因為員工能力有問題需要調整工作崗位，用人單位就要提前做好崗位考核，注意保存相關證據，以便一旦發生糾紛時，也有合情合理的理由。

調崗、調薪、調職屬於用人單位的自主權，但這種自主權並不是沒有限制的。在承認和保護用人單位的自主權的同時，法律也對此進行了限制，防止用人單位濫用權利，侵害工作者的合法權益。為了防止用人單位濫用權利，用人單位必須提供「調崗、調薪、調職」的證據，必須要有充分合理性。用人單位在調崗調薪過程中需要注意以下問題：

1. 調崗之前分析利弊、慎重考慮

現代的公司管理，著眼於共同發展，強調人性化管理。在調崗的問題上，首先應該考慮公司的整體工作安排，是否確實有調崗的需要，通過調崗是否確實能夠促進公司和個人的發展。同時對員工的基本情況，如學歷、專業、資歷、工作經歷等方面作綜合評估：一方面要考慮該員工是否能勝任新的崗位，以達到公司調崗的目的，另一方面：考慮該崗位是否適合員工的職業生涯發展，是否對員工未來發展有幫助，是否能夠充分發揮員工的才能。這些都關係到調整崗位的效果，需要最先考慮。

充分的利弊權衡之後，做好決斷是下一個關鍵。公司應當建立一套合理的人員調配制度，對於人員調配按照一定的程式進行報

批。人力資源管理部門應當對調崗所設計的各項內容,包括利弊、意義、新老崗位的安排、薪水、交接等向領導彙報,以確保公司領導層在調配決策中的準確性,為日後的工作以及糾紛的預防和控制打好基礎。

2.加強考核,以便有充分的調崗調薪依據

對於打算調崗調薪的職工,用人單位要加強對其的考核,最好在準備調崗之前幾個月,就要注意對其的考核,並且考核後的資料要妥善保管。對於調崗中牽涉的各類資料均應認真分析,妥善保存,尤其是因業績不好,被認為不勝任原崗位的員工,因為這是以後可能發生的解除合約時所需之重要依據。

3.用人單位要換位元思考,在與員工面談前準備充分

調崗調薪往往都直接牽涉到員工的切身利益,因此我們在操作時必須站在員工的角度,為員工考慮。通過換位思考,可以更好地瞭解員工的想法,以促進、調動其積極性,同時也能為面談積累素材,以期員工的更大理解和支持。

在將調配決定告知員工之前,一些資料的準備必不可少,如整理和分析調整的充分理由、抉擇的依據,草擬員工崗位調動協議書、談話記錄、調配通知單、以前的工資單和調整後的工資等級、員工以往的表現以及能夠充分說明調動對員工有利的材料等,以便在面談時逐一使用。

4.與員工親切面談並告訴員工調整的原因及依據,爭取獲得員工的理解和支持

調崗成功的關鍵並不在於把員工調整到某個崗位,而是調整以

後員工能一如繼往，甚至更努力地為企業服務，獲得員工的支援是調崗的最關鍵的步驟。

從管理的角度看，獲得支持的前提是良好的溝通。當企業決定對某一員工進行崗位調整時，就應當及時地與員工進行有效的溝通，以獲得員工的支持。從實踐來看，面談無疑是一種行之有效的方法。通過面談可以交流雙方對於這一問題的認識，求同存異，以達到最終的目的。

面談時，企業有關部門不應該生硬地告訴員工公司的調整決定，讓員工感覺公司高高在上，員工只能服從公司安排。而應該親切地與員工交談，告訴員工公司做出調整的原因及依據，並要聽取員工有什麼想法和意見，爭取能夠獲得員工的理解和支持。

5.調崗調薪後，要與員工簽訂變更協議

調崗調薪屬於工作合約變更，根據規定，變更工作合約應當採取書面形式。因此調薪調崗必須簽訂書面變更協議，這對於確保雙方合法權益，防止日後發生爭議都很有意義。協議要寫明確雙方變更後的權利義務。

6.調崗後要對工作者進行崗位培訓

經過調崗後，出於對崗位和員工的負責，用人單位有義務安排崗前培訓。內容一般有：新崗位說明書（職責、許可權、條件）、新崗位的操作流程、與新崗位有關的專業知識等。可採用集中培訓與帶教相結合的方法進行，通過制定和執行帶教計畫的方法，在工作中進行培訓，這樣效果往往會更好，經培訓考核後正式上崗。通過培訓，使員工迅速進入工作狀態。

6 要及時對違紀員工做出處分

（案例）

公司規定上班期間打遊戲一次者，記警告處分，第二次記嚴重警告，第三次為嚴重違反公司的規章制度，公司有權與其解除工作合約。蔡某是個游戲迷，經常偷偷地在上班期間玩遊戲，後被公司連續發現三次，公司就口頭警告了一下。

後過了半年，蔡某又被發現經常的打遊戲，光被主管發現在上班期間打遊戲的次數就多達六次，公司於是直接與蔡某解除了工作合約。蔡某不服，提起仲裁，蔡某雖然承認自己打過遊戲，但不承認打遊戲次數那麼多，同時蔡某認為，按照公司規定，必須是第一次記警告處分，第二次記嚴重警告，第三次才可以解除工作合約，因此公司直接與其解除工作合約是違法的。

公司辯稱，公司多次發現蔡某打遊戲，但並沒有進行處理，蔡某已經構成了直接解除工作合約的條件，因此公司有權直接與其解除工作合約。勞動爭議仲裁委員會經過審理後認為，公司在沒有對蔡某做出警告和嚴重警告的情況下，直接與蔡某解除工作合約是不合適的，裁定恢復勞動關係。

蔡某雖然違反了公司的規章制度，但公司並沒有及時做出處分，直到最後公司忍無可忍的情況下，直接與蔡某解除工作合約，那麼公司的作法是不合適的。如果公司能夠及時對蔡某

做出處分，在蔡某第一次違反規章制度時，公司給予警告處分，在第二次的時候公司給予嚴重警告處分，那麼蔡某第三次違反規章制度的時候，公司就有權與其解除工作合約。在本案中，公司之所以敗訴，就是因為沒有及時對違紀員工做出處分。

（說明）

企業規章制度的制定不是一朝一夕就能夠完成的，需要不斷地在實踐中總結經驗教訓，針對實踐中出現的新問題新情況，將規章制度中成功的經驗繼續進行推廣，對於規章制度中沒有涉及或者規定的不合理的地方，加以改進。因此，用人單位在日常管理中，對於出現的新問題新情況，需要及時地進行記錄，在修改規章制定的時候進行修訂。

對於「大錯不犯，小錯不斷」的員工的違紀行為，用人單位平時需要注意記錄在案。每次違紀時，用人單位要做出相應的書面處理材料，要求員工簽字；為記錄方便，如果還採取扣獎金的處理方式，在每次的工資單中扣除相應的獎金數額，並注明違紀事由，由員工在領取工資時簽字確認。司法實踐中，有違紀員工簽字的書面材料，往往是勞動爭議仲裁委員會和法院樂於採納的最有力的證據。

由於此類勞動爭議案件中，用人單位負有舉證責任。用人單位必須將規章制度告知員工，證明員工存在違紀行為的事實，且該違紀行為與規章制度的規定相吻合。因而，用人單位所要保全和收集的證據，主要是兩類：其一是員工所違反的企業規章及勞動紀律的具體條款；其二是員工的違紀行為記錄。

對於用人單位的規章及勞動紀律，用人單位除儘量詳細地制定條款外，還應以適當方式告知職工。一些用人單位在制定和公佈規章制度時，交由員工閱讀，並由員工簽字確認。如果在工作合約期間，企業規章制度進行修改的，還要再次交由員工閱讀並確認。這樣，一旦糾紛發生，員工否認有此規定就不成立了。

7 合理設置加班管理制度

考勤管理是工時管理的重要組成部份，完善的考勤制度有利於防止工時管理漏洞的產生。正確認識考勤管理在工作中的重要位置，結合企業自身情況，建立健全科學有效的考勤制度、具體執行措施並加以實施，是用人單位在該類爭議案件中贏得勝訴的前提條件，也是維護企業自身合法權益的根本保證。針對目前大多數企業操作中存在的偏失，建議從以下方面完善考勤管理。

首先，強化工時管理觀念。企業要透過組織學習工時管理的必要性、重要性以及管理不善可能面臨的風險性等內容，增強自身管理人員特別是人力資源管理人員的工時管理觀念。強調相關管理部門，要從維護企業自身的合法權益的角度出發，充分理解考勤管理這一基礎環節的重要性。

其次，完善考勤方法及考勤管理。企業要透過增加加班日期、調休、加班時間等事項的記載和統計完善考勤內容，並在一個考勤週期內，要求考勤記錄上要有主管部門負責人和考勤員和被考勤者

簽字；有條件的企業還可以採用打卡或電腦指紋考勤與手工考勤相結合的方法對同一員工進行考勤。此種方法便於加班時間和加班日期統計，但一個考勤週期內也不能忽視被考勤者本人簽字這一關鍵環節。如遇員工曠工、不辭而別等特殊情況，一個考勤週期內員工不能簽字認可時，應由該員工所在部門的負責人在考勤表中註明理由。此外，企業人事管理部門要按照員工知曉的考勤管理制度或相關規定，及時做出書面處理決定並通知員工本人。

再次，特殊情況考勤模式完善，具體可以參考以下方式操作。

①假期處理：不同的假別設定不同的人員審批權限，匯總完成後按不同假別計算考勤；②出差處理：可制訂出差計劃、設置出差申請及審批管理，並對出差情況進行記錄；③外勤處理：員工外出勤務，未能打卡的，可由上級經理審批完後，自動導入到人力資源部審批；④補卡處理：員工由於特殊原因未打卡的，可由上級經理審批完後，自動導入到人力資源部審批；⑤調班處理：由於班別調整的，可由上級經理審批完後，自動導入到人力資源部審批；⑥加班處理：設置加班報批制度並記錄員工加班加點情況。

加班管理是容易令用人單位與工作者雙方產生矛盾的操作環節。加班有時會成為員工和企業的一場博弈：企業害怕員工磨洋工，把 8 小時之內應該完成的工作拖到加班來完成；員工也害怕企業為了節約成本，無償佔用自己的加班時間，藉故不支付加班薪資。近年來工作者的法律意識和維權意識大大提高，因加班加點產生的爭議在報酬爭議中已經佔據了相當大的比重。因此，為了優化公司的工時管理並防止爭議發生，企業需要一個完善的加班管理制度。

1. 合法設置加班管理制度

第一，用人單位在保障工作者身體健康的前提下才能安排加班，並且安排工作者加班的法律設定了一定的限制。如對懷孕七個月以上和哺乳期的女職工不得延長工作時間。

第二，用人單位由於生產經營需要安排加班的，要與工會和工作者協商並經工作者同意。因此，制度中可以規定，用人單位需要統一安排員工加班的，應該與工會協商，獲得工會的支持；再與員工協商，取得員工的同意。對於員工不願加班的，除法定情形，用人單位不得強制加班。

第三，用人單位安排加班要受時間限制。即一般情況下，用人單位安排員工加班，每日不得超過一個小時；因特殊原因需要加點的每日不得超過 3 小時，但每月工作日的加點、休息日和法定休假日加班的總時數不得超過 36 小時。實踐中有些企業認為只要雙方同意並對加班時間有約定則可排除上述法定限制，其實這種看法是不對的。依據法律規定，即便雙方同意的加班加點，也要受上述法定的時間限制，否則企業會因被認定為違法延長工作時間而要承擔相應的行政責任。

可見，加班需遵循工作者自願原則，工作者拒絕加班的，用人單位不能作為違紀處理。因此，用人單位安排的加班，工作者因事未能出勤的，不能視為曠工，也不能扣全勤獎。

不過，有下列情形之一的，用人單位安排員工加班不受上述協商程序限制和時間限制：①發生自然災害、事故或者因其他原因，威脅工作者生命健康和財產安全，需要緊急處理的；②生產設備、交通運輸線路、公共設施發生故障，影響生產和公眾利益，必須及

時搶修的；③法律、行政法規規定的其他情形。

　　第四，員工加班，用人單位必須按照法定要求支付加班費。

2.設立加班報批制度

　　按照勞動法規只有用人單位主動安排員工加班的用人單位才需支付加班費。據此，我們可以這麼認為，只要員工在沒有經過企業自身規定的報批程序而私自加班的，企業都不需要對其支付加班費。

　　我們建議，用人單位可以在公司制度中規定，公司原則上不支援員工加班，希望員工在法定時間裏完成自己的工作。個別員工確實無法在法定時間內完成，又確有需要加班的，應提出書面申請，經部門主管審核批准，並報工會同意，送人力資源部門備案後方可加班。這裏需要注意的是，公司批准給員工加班的時間應當在法定的限度內，切不可因為是員工自願，就肆無忌憚地加班。

8 陳先生的「年終雙薪」應該支付

（案例）

　　陳先生就職的電器公司在《員工手冊》中規定：公司執行年終雙薪制度，發放的條件是根據在職期限按比例計算，但當年進入公司的員工必須於 12 月 31 日前透過試用期，出勤率不良、表現不好或者有違紀行為的員工不能獲得。

　　2004 年，陳先生進入該公司擔任物流部經理，當年他拿到

年終雙薪 6000 元。

2009 年年初，陳先生的薪資漲到了 8080 元，孰料，工作到 10 月份，公司提出與陳先生合約到期終止，不再續簽工作合約。

陳先生認為，這一年他已經工作了 10 個月，年終雙薪公司也得給。如果現在再換工作，從下一家公司那裏也拿不到年終雙薪，無疑是加重了他的損失。於是，他向企業所在地的爭議仲裁委員會提出仲裁申請，要求公司支付自己一部份年終雙薪。

公司則認為，陳先生是屬於《員工手冊》中規定的「表現不好」的員工，並向仲裁委員會提供了這樣一份證據：2005 年 4 月，該公司總經理曾發給陳先生一封電子郵件，稱「倉庫常見的零件無備貨。影響了零件供應信譽，對公司銷售造成了不利影響。希望你認真檢查，公司不允許以後再次發生此類情況。」並就此拒絕支付給陳先生年終雙薪。

（說明）

年終獎是否應當發放長久以來一直是企業和員工的爭議焦點。而年終雙薪也是年終獎的一種，因而也備受爭議。

企業認為年終雙薪是企業在員工全年工作後作為獎勵發給員工的，應屬獎金。既然是獎金，公司就有權確認發與不發。而員工認為，年終雙薪也屬於規章制度的內容包括方方面面，很難有哪家企業的所有規章制度都是完全合法的。

而《工作合約法》賦予了工作者相應的解約權，這是非常厲害的，因此，企業 HR 不得不全面修訂企業規章制度，力爭合法，避免處於被動地位。用人單位在制定、修改或者決定直接涉及工作者

利益的規章制度時，不能違反或者超越法律法規，否則不僅是無效規定，不能制約工作者，而且如果因此損害了工作者權益，工作者還可以隨時解除工作合約。

報酬，既然是勞動報酬，就要同工同酬，所以「別人有，我也要有」。

企業和員工觀點不一。法律其實對於年終雙薪也沒有明確規定，因而，年終雙薪是否發放一般參看員工和企業之間的約定以及企業本身規章制度的規定。現在有些企業年終雙薪的規定過於簡單，有些只規定「發放只針對在籍員工」，像這種情況，在司法實踐中，法官就會判定按比例享受。因為針對所有的在籍員工就意味著，只要是在企業工作的無論表現是否優秀都有資格享受。那麼此時，僅因為員工離職不能享受這一觀點就已經違背了同工同酬的原則。所以企業在制訂年終雙薪、年終獎的時候應當設置一些條件，如根據企業當年的經營狀況、員工表現的優秀度等決定是否發放。

應該說，本案中對於年終雙薪該企業至少還規定了「表現不好的不能享受」，就這規定本身來說，已經是一個進步了。但是為什麼到最後企業還是敗訴？那是因為沒有相應的配套制度的實施。對於何為「表現不好」，首先員工手冊裏面要有明確界定。其次，公司也要作相應的考核以證明員工是否屬於「表現不好」。因為司法實踐中，對於企業員工手冊中的所有描述，企業都是需要有相應的證據來證明的。如果企業什麼證據都沒有，那麼到最後只能得到按比例發放的結果。再次，公司在操作的時候也要注意，切不可規定了「表現不好」不予發放，但實際卻是在籍的所有員工都不作區分的發放，不在籍的都不發放。

9 企業的爭議管理制度

規章制度的內容包括方方面面，很難有哪家企業的所有規章制度都是完全合法的。而《工作合約法》賦予了工作者相應的解約權，這是非常厲害的，因此，企業 HR 不得不全面修訂企業規章制度，力爭合法，避免處於被動地位。用人單位在制定、修改或者決定直接涉及工作者利益的規章制度時，不能違反或者超越法律法規，否則不僅是無效規定，不能制約工作者，而且如果因此損害了工作者權益，工作者還可以隨時解除工作合約。

爭議屢見不鮮，逐漸成為員工管理中一個隨時會引爆的「危險地雷」。

發生爭議了，一旦處理不當，企業往往是「賠了錢財又丟了面子」。甚至更為令人擔憂的是，由一起爭議引發的連鎖反應——「多米諾骨牌效應」。

事實上，已經出現了個別企業因員工發生集體爭議而陷入倒閉破產的窘境。

如此嚴峻的形勢，怎能不讓各位 HR 們「如履薄冰」？

隨著影響範圍的擴大，隨著法律環境限制的加強，工作爭議的處理，將會成為一場曠日持久的拉鋸戰。

這場戰爭究竟誰勝誰負，其實並沒有太大的意義。資方也好勞方也好，勝的一方不見得能獲取多大的利益，敗的一方亦不見得就是「窮兇極惡」。應該說，在這場爭奪中，誰都不是贏家，企業損

失了寶貴的聲譽，員工也容易落得個「惹是生非」的惡名。

　　既然誰也不能做到真正的有利可圖，為何不轉換一個角度，從「共贏」的前提出發？工作爭議最出色的解決方案不在於打贏官司，而在於能「化戾氣為祥和」。在雙方共同的努力下，追求利益的最大化，達到兩者皆滿意的平衡點。

　　所以我們說，爭議的管理制度必不可少。

　　建議企業可以在規章制度中對爭議處理規範，製作一份成文的爭議管理制度。站在員工的立場上，清楚地告訴員工他們的權利和保護方法。

　　一方面，只有員工知道該如何正確的維權，才不會「病急亂投醫」，把簡單的問題複雜化，增加企業不必要的麻煩；另一方面，企業擺明立場更能贏得員工的認同，使員工切實感受到「企業大家庭」的氣氛，才能更好地為企業服務。

　　爭議管理制度，根據爭議處理的過程，應分為三大部份。

1. 明確員工申訴、反映意見的管道

　　法律向來主張言論自由，主張個人人權的保護。作為企業，更是應該及時聆聽員工的聲音，聽取員工為爭取個人利益而闡述的言論。只有知道員工是如何思考的，公司才能針對員工的考慮，來管控整個企業的發展策略。這就是所謂的「團體發展」。

　　跟員工的溝通多了，HR 就能隨時掌握最基層人員的心理動態，更可以瞭解廣大員工對於企業管理的回饋信息，以便於隨時為高層做決策提供參考。

　　因此，建議公司設立員工反映意見的管道或聯繫方式。可以考慮以下兩種方式。

(1)設立電子郵箱、電話專線等

此種方式及時快捷，可以很好的讓員工及時表達出自己的想法，也能避免員工擔心打擊報復的顧慮。如果企業屬於大型集團或在各地遍佈分支機構的，那麼此種方式就更能凸顯出其及時的優勢。

條款中還須明確負責處理郵件、電話的責任部門及人員，以及處理過程中的步驟及時間。要確保流程的公正性、透明化，同時，還要非常清楚地告知員工，責任部門及責任人員的監控方式，免去員工的後顧之憂。

只有這樣，員工才敢於發表自己的意見。而企業也能從員工的意見中，完善各項工作，為下一步的企業發展尋找適合的點子。

(2)確立面對面的直接溝通方式

員工有任何意見的，可以直接向上級主管人員進行反映，透過面對面的溝通，準確反映自己的想法。

此種方式較適合於員工關係日常聯繫密切的中小型企業，它的最大優點就是溝通的準確性。透過談話的方式，主管人員能清楚掌握情況，知道事情問題的關鍵在那裏。這樣對於後期的穩妥處理是有很大幫助的。

例如可以設計這樣的條款：「爭議發生後，員工應先同其直接上級主管人員進行口頭或書面的溝通，以促進爭議的協商解決。直接上級主管人員無法解決或員工對該上級主管人員的意見仍不滿意或者爭議涉及該上級主管人員，員工可將爭議直接提交人事經理，人事經理將協調各方予以解決。但由總經理作出的管理人員辭退處罰決定除外。」

2. 建立企業內部的工作爭議調解委員會

工作爭議在適用法律處理的過程中，有兩重遞進的程序：仲裁及訴訟。而這兩個程序在一開始處理案件的時候，都有一個共同的特點，就是調解。

仲裁員或審判員開庭時首先必問，雙方是否願意調解。如果企業和員工雙方都同意調解的，則仲裁員或審判員便會撇開法律問題，不再研究爭議案件的事實情況，轉而極力促成雙方的協商。

調解作為很有特色的一種法律處理機制，在很大程度上加快了案件解決的效率，有效控制了司法成本的支出。作為企業，完全可以借鑑這種處理機制，建立企業內部的爭議調解委員會。

爭議調解委員會能起到爭議與仲裁之間的緩衝作用，讓工作者和企業對仲裁案件有所準備，更好地應對和迎接，讓其有一個能夠透過調解方式解決勞動爭議的途徑，減少雙方的時間和人工成本。

3. 明確勞動爭議發生後員工的工作職責問題

發生工作爭議後，有可能會出現部份員工以此為由，不繼續履行工作合約的相關義務，也有可能是公司不想讓員工再來上班，採取廻避態度。

這種情況下，一方面會給企業帶來很大的損失，影響日常的經營管理，也會影響其他員工的工作情緒；另一方面，員工不再提供正常勞動，也極有可能激化員工的反抗心態，加重其認為受到排擠、不公正待遇的猜疑，從而無端惹出些是非來。

因此，爭議管理制度中還應當明確員工繼續履行工作職責的這一事項。

一方面，確保員工的工作情況、工作環境、工作條件等不發生

變化。這可以起到安撫員工的作用。爭議是否能夠得到解決，其中一個因素便是雙方解決問題的態度。公司率先表示出解決問題的誠意，自然也就能得到員工積極的回應，雙方才可能以平和的心態來爭取「大事化小，小事化了」，所以保障員工工作穩定是很重要的一個關鍵點。

另一方面，明確以工作爭議為由不工作、曠工的，公司還是會按照相關規章制度對其進行處理。這裏則是警示員工，不能過分濫用自身的權利，別把公司的善意當作愚昧。

例如：「爭議必須透過合法的途徑予以解決，員工不得藉故鬧事、破壞公司正常的工作秩序。除非工作合約依法解除或終止，員工不得以爭議為由停止正常工作或停止履行其職責。若有違反的，公司將視情節按照獎懲條例給予處罰。」

以上的三個部份，是構成爭議管理制度的主要內容。

這份制度更多的是讓員工知道，在發生爭議時如何尋求有效的解決方式，所以企業在設計該制度時，應多從員工的角度出發看問題、解決問題。

同樣的，企業在公佈這一制度後，還應當及時就爭議的處理流程組織員工進行學習，採取學習疏導，而不是隱瞞堵塞，應讓企業內部爭議處理透明清晰，民主合法起來。

最後，還想再次提醒各位，改善緊張的員工關係，疏通員工與企業之間的溝通管道，從根本上減少或者避免爭議的發生，防患於未然，才是上上之策。

10 工作崗位工資調整辦法

　　為貫徹落實公司《薪酬管理辦法》，明確公司員工崗位工資等級晉升相關事項，特制定本實施細則。

1. 崗位工資等級晉升對象

下列人員不參加當年的崗位工資等級晉升：

⑴病假累計超過半年或事假累計超過三個月的

⑵病事假累計超過六個月或曠工累計超過 10 天的

⑶立案審查未做結論的

⑷新進入公司工作，試用期未結束的或進入公司工作未滿六個月的

⑸脫產學習超過半年的人員

⑹其他特殊情況，經公司總經理辦公會確認的

2. 崗位工資等級晉升操作程序

⑴高管委員崗位工資等級晉升

①高管委員崗位工資等級晉升由總經理根據公司年度經營實際狀況擬訂名單後，報董事長審批確定。

②操作程序為：

a. 總經理根據公司年度經營狀況和各高管委員分管的部門年度經營業績表現擬定崗位工資等級晉升名單。

b. 公司董事長審批，簽署《某公司員工崗位工資晉級單》後交公司人力資源部負責執行落實。

(2)公司中層管理人員崗位工資等級晉升

①公司中層管理人員崗位工資等級晉升由公司總經理辦公會最後審批確定。

②操作程序為：

• 確定崗位工資等級晉升名額和候選名額。

在每年的年度考評結束之後，公司總經理辦公會根據公司的年度經營狀況，按照公司中層管理人員總數的 20%～30%確定公司中層管理人員崗位工資等級晉升的名額 a1，同時按照該名額的 1.5 倍確定崗位工資等級晉升的候選名額 b1；公司中層管理人員年度考評排名在前 b1 名的公司中層管理人員自動成為公司中層管理人員崗位工資晉級候選人。

• 差額投票選出晉級員工。

公司召開由公司所有中層管理人員和高管委員參加的中層管理人員崗位工資等級晉升會議，會議由公司總經理主持；

公司所有中層管理人員和高管委員進行無記名投票，得票數為前 a1 名的員工為崗位工資等級晉升人；

由於各種原因不能出席的高管委員和公司中層幹部可以填寫投票，並委託公司員工轉交給公司總經理；

公司高管委員每人擁有 2 票的投票權；

公司各中層管理人員擁有 1 票的投票權；

每張投票必須寫滿但不得多於 a1 個晉級人選，多選、少選的投票均為無效票；

人力資源部負責準備會議相關材料；

人力資源部經理負責監票，公司人事專員負責統票，投票結果

當場統計；

　　統計結果由公司總經理宣佈，人力資源部負責記錄，結果記錄經公司總經理簽批之後生效。

(3)公司一般員工崗位工資等級晉升

　　①公司一般員工崗位工資等級晉升由公司總經理辦公會最後審批確定。

　　②操作程序為：

　　·確定崗位工資等級晉升名額和候選名額。

　　在每年的年度考評結束之後，公司總經理辦公會根據公司的年度經營狀況，按照公司一般員工總數的 15%～20%確定公司一般員工崗位工資等級晉升的名額 a2，同時按照該名額的 1.5 倍確定崗位工資等級晉升的候選名額 b2；

　　公司一般員工年度考評排名在前 b2 名的公司一般員工自動成為公司一般員工崗位工資晉級候選人。

　　·差額投票選出晉級員工。

　　公司召開由公司一般員工崗位工資晉級候選人、公司所有中層管理人員和高管委員參加的公司一般員工崗位工資等級晉升會議，會議由公司總經理主持；

　　與會所有人員進行無記名投票，得票數為前 2 名的員工為崗位工資等級晉升人；

　　由於各種原因不能出席的應參加會議的員工可以填寫投票，並委託公司員工轉交給公司總經理；

　　公司高管委員每人擁有 2 票的投票權；

　　公司與會的各中層管理人員、一般員工擁有 1 票的投票權；

每張投票必須寫滿但不得多於 2 個晉級人選,多選、少選的投票均為無效票;

人力資源部負責準備會議相關材料;

人力資源部經理負責監票,公司人事專員負責統票,投票結果當場統計;

統計結果由公司總經理宣佈,人力資源部負責記錄,結果記錄經公司總經理簽批之後生效。

3.崗位工資等級晉升結果應用

⑴崗位工資級別待遇的增加從公司總經理簽批之後或董事長審批之後的次月 1 日開始執行;

⑵員工崗位工資每晉升 1 級,崗位工資增加 1 級,但崗位工資晉級不得超過本崗位工資等級的最高級別;

⑶崗位級別已經達到本崗位等級的最高級別的,崗位工資級別不再晉升,公司將根據被晉升人的崗位等級給予 800～1000 元的一次性獎勵,具體金額由公司總經理辦公會確定。

4.關於崗位工資等級晉升的幾項具體規定

⑴一般情況下,崗位工資等級晉升工作在年度考評完成之後的 1 週內進行。

⑵對於公司內部個別員工特別優異的工作表現和特別優異的工作成績,可經員工所在部門申報之後,通過全體高管委員討論一致同意後,可以給予一次性的崗位工資等級晉升。

第 九 章

員工離職的處理要點

1 員工離職問題

員工未提前 30 天書面通知用人單位辭職，單位可否扣其一個月薪資？

員工未提前 30 天書面通知辭職，屬於違法解除工作合約。根據規定，若是給用人單位造成損失的，員工應當承擔賠償責任。但是，只要員工提供了正常勞動的時間，單位都得依約足額支付薪資，而不能隨意克扣一個月的薪資。

員工向單位提出辭職的，是否需要用人單位的批准，勞動關係才能解除？

不是。根據大陸規定，員工只要提前 30 日以書面形式通知了用人單位，無須經過用人單位的批准，自書面通知之日起滿 30 日，工作合約即自行解除。

根據《勞動法》規定，用人單位與工作者應當按照工作合約的約定，全面履行各自的義務。可見，嚴格履行工作合約是工作合約雙方當事人必須承擔的義務。同時，《勞動法》第 31 條和《工作合約法》第 37 條都規定，工作者解除工作合約，應當提前 30 天以書面形式通知用人單位。由此可見，工作者在履行工作合約期間解除工作合約是需要履行一定程序義務的。員工不辭而別的行為顯然是違反雙方約定，也是違反法律規定的。對於這種違約行為單位有權追究員工的相應法律責任。

根據勞動部《違反勞動法有關工作合約規定的賠償辦法》第 4 條規定，工作者違反規定或工作合約的約定解除工作合約，對用人單位造成損失的，工作者應賠償用人單位的下列損失：①用人單位招收錄用其所支付的費用；②用人單位為其支付的培訓費，雙方另有約定的按約定辦理；③對生產、經營和工作造成的直接損失；④工作合約約定的其他賠償費用。因此，用人單位可以要求不辭而別的員工賠償單位的損失。

根據《工作合約法》第 39 條的規定，工作者有下列情形之一的，用人單位可以解除工作合約：①在試用期間被證明不符合錄用條件的；②嚴重違反用人單位規章制度的；③嚴重失職，營私舞弊，給用人單位造成重大損害的；④工作者同時與其他用人單位建立勞動關係，對完成本單位的工作任務造成嚴重影響，或者經用人單位提出，拒不改正的；⑤因本法第 26 條第 1 款第 1 項規定的情形致使工作合約無效的；⑥被依法追究刑事責任的。

根據《勞動法》第 25 條第 4 項和《工作合約法》第 39 條第 6 項的規定，員工被依法追究刑事責任的，單位可以單方解除工作合

約。被依法追究刑事責任必須是由人民法院作出判決需要承擔刑事責任的。

員工僅僅涉嫌犯罪，還處於兩可境地，有可能最終會被宣判無罪，因此，單位不能解除工作合約。但是，根據《關於貫徹執行〈中華人民共和國勞動法〉若干問題的意見》第 28 條的規定，工作者涉嫌違法犯罪被有關機關收容審查、拘留或逮捕的，用人單位在工作者被限制人身自由期間，可與其暫時停止工作合約的履行。暫時停止履行工作合約期間，用人單位不承擔工作合約規定的相應義務。工作者經證明被錯誤限制人身自由的，暫時停止履行工作合約期間工作者的損失，可由其依據《國家賠償法》要求有關部門賠償。

2 員工離職的工作交接

工作交接是離職管理裡面的重要一環，因為它的成效將直接影響公司後續工作的開展。

很多企業把精力放在如何把員工處理掉，忽視了工作交接的重要性。以至於等到員工離職後，出現交接不到位、文件找不到、項目細節交代脫節影響進度等問題的時候，再追究員工的責任已經來不及了。

所以，在制訂這一條款的時候，首先，明確交接內容，清晰那些工作需要交接，交接到什麼程度，需要那些部門配合。工作交接不應只是簡單的文件轉移、複製、公司物品的歸還，而是要根據員

工的崗位職責和手頭的工作，要求員工將手頭的資料、數據整理歸檔，如有項目跟進的，應當總結項目工程進度、成果並附上簡單說明。

其次，要明確工作交接的責任人。公司應當視情況指定具體交接人，最好指定一個監督人負責全程陪同交接。所涉部門和人員應當積極配合交接。

最後，明確交接的後果。對於遺失的辦公用品應當視情況按照原價、成本價或折舊賠償。離職員工不做交接的，造成公司損失的應當承擔賠償責任。在職人員不配合交接的，按照規章制度處理。

為確保交接的確實進行，可以將交接明細做成書面的《交接明細單》，根據交接的內容分欄，每一欄交接完畢後由交接人、監督人和負責人確認簽名。

這裏有一點要提醒企業注意：做好工作交接的前提是做好日常管理工作。例如配給員工一些重要的、有價值的辦公用品的時候，應當要求員工填寫簽收單。每過一段時間要求員工就近期工作做書面工作報告、小結，定期開會並作好會議紀要，員工還款要有公司財務簽收單，等等，這些事情現在看來似乎很繁瑣，但卻是發生爭議時最有力的證據。

試想如果企業無法證明員工的手中有那些東西又如何要求其交接呢？尤其對於一些重要的客戶名單、項目資料，如果企業平時不注意，放手讓員工去處理而不做任何保密工作，等到員工離職時帶走整個公司唯一一份資料的時候，如果員工非說是私人的資料，公司也沒有辦法。到時就啞巴吃黃連有苦說不出了。

所以，平時工作報告、會議紀要、項目協議等不僅是對員工完

成工作任務的監督，也是對工作內容、公司財產的證據搜集。

3　由誰來提出離職問題

員工一旦離職，再溫順的員工，都會將平時隱忍的對企業的不滿爆發出來。這個時候員工再也不用為了保住飯碗而忍氣吞聲，相反地，員工會抱著「反正仲裁不要錢，不告白不告」的心理，選擇透過勞動爭議仲裁使得自己的利益最大化。所以，除了寫好離職管理制度之外，企業在操作過程中也要格外小心，不能讓員工抓住把柄，趁機鬧事。

離職程序是整個離職管理制度中的關鍵，也是減少爭議發生的一個重要環節。

1. 由員工提出離職的情況

對於員工自己提出離職的員工，應當提前 30 天直接向上級主管人員提交書面辭職報告，由主管簽字後，及時上交人力資源部備案，並辦理相關工作交接事宜。各級管理人員應當積極配合。

這裏需要注意以下幾點。

(1) 只要員工以非書面的形式向上級主管提出離職的，一概不予理睬

根據規定，員工提出離職的應當提前 30 天書面通知公司。所以應該在制度中強調，員工離職應當向公司提交書面離職報告，同時，該報告必須由員工本人簽字。

如果員工以口頭、E-mail、短信等形式表示離職的，公司一概不予理睬。因為這些形式的證據很難採集，證據效力又不高。如果公司一收到員工的非書面離職通知後，就開始讓員工辦理交接，然後又按照規定給員工辦理退工手續，那麼一旦員工反悔，說郵件、短信都不是自己發的，然後反咬公司一口說公司違法解除，向公司索要雙倍的賠償金或者要求恢復工作關係，到時候公司就有理說不清了。

⑵上級主管簽字只是表示知曉，非批准

員工提出離職的，應當向上級主管提出。第一，是方便上級主管第一時間瞭解員工的離職信息，以便主管採取措施挽留。第二，如果員工執意要走、無法挽留的，那麼上級主管可以及時安排工作交接的事宜。第三，應當在制度申明確，主管人員不作為的後果，即如果上級主管擅自將離職報告藏匿，未及時上交至人力資源部備案或者拒不簽字的，應當追究相關人員的責任；因此給公司造成損失的，應當承擔賠償責任。

⑶通知公司離職是員工的義務

應當在制度中明確員工的通知義務以及未盡義務可能導致的後果。如果員工沒有書面提出離職就不來上班的，按曠工處理。如果員工沒有提前 30 天書面提出的，關係仍然至員工提出書面離職通知之日起 30 天才解除。如因員工未提前提出離職導致公司項目流失、招聘成本等增加的，員工應當承擔賠償責任。

2.公司提出解除工作合約的情況

這裏指的是法定的單方解除。只要符合《工作合約法》規定的情形，公司就可以根據規定和員工解除工作關係。

法定的單方解除有兩個關鍵點，一是證據，二是程序。

(1)證據

如何證明已經符合了法定的情形？

兩個字——證據。

誰最容易收集這些證據呢？

答案我想大家都能猜到，就是與員工朝夕相處的直接管理人員。

我想很多做人力資源管理的人都有這樣的經歷，被部門經理冷不防地通知要求處理掉某某員工，而且還是無論用什麼方法，一定要處理掉，更有甚者還要求成本不能太高，原因是部門運營基金有限。於是著手處理，問道：「以什麼理由？」「隨便，那個理由省錢就用那個。」「那有什麼相關證據沒有？」瞟來一記白眼，意思很明顯「要是有證據我還找你幹嗎？」

沉默。投入和「問題員工」的長期心理拉鋸戰。談、談、談。運氣好的，揪出漏洞，成功解決。運氣不好的，只能不斷在商言商，協商解決。

所以，在離職管理的制度中，我們首先要明確的就是上級管理人員在日常管理中的職責以及在離職、違紀員工處理時的積極協助義務。這是在處理問題員工過程中，能讓企業轉被動為主動的關鍵。

直接上級管理人員瞭解員工性格，又和員工朝夕相處，所以通常能第一個發現問題的就是直接管理人員，最容易收集到相關證據的也是直接管理人員。因而在處理涉及解除工作合約的問題員工的時候，直接管理人員有著義不容辭協助提供證據的責任。

同時，為了避免直接管理人員「一手遮天」，不經人事部門擅

自解除部門員工,建議在制度中明確管理人員和人事在處理具體問題時的角色分工,以及若發生擅自解除工作合約的後果,從而避免不必要的用人風險。即實際用人部門(直接管理人員)發現員工出現問題欲處理時,應當首先收集證據,然後將相關證據和問題處理建議一起回饋到人事部門。由人事部門經核實、參考當地法律法規後做出決策參考意見,然後雙方一起協商決定如何處理。

(2)程序

公司單方解除員工的工作合約,程序要注意什麼?很簡單的一句話,按照法律規定處理。這也是為什麼很多企業的離職制度中部有一大段的《工作合約法》的解除的規定。這些法定的程序是離職管理操作的標杆,是管理制度本身的核心部份。下面舉個員工不勝任解除的例子。

法律規定:「有下列情形之一的,用人單位提前 30 日以書面形式通知工作者本人或者額外支付工作者一個月薪資後,可以解除工作合約:工作者不能勝任工作,經過培訓或者調整工作崗位,仍不能勝任工作的;……」

按照上面的規定,對於不勝任員工的解除需要多個步驟:一名員工,首先是對其進行常規考核,考核下來證明員工不勝任,要調崗的就調崗,要培訓的就培訓,之後再考核,員工仍然不勝任的,最後企業提前 30 天或者支付一個月薪資後可以單方解除工作合約。當然還要排除員工發生第 42 條諸如女員工三期、醫療期內員工休病假等情形。

以上所述環節缺一不可,少了任何一個環節,都將構成違法解除。

　　當企業做出以上行為時，對員工來說仲裁時效還沒開始。當員工收到解除工作合約的通知，知道自己的權益受侵害後，仲裁時效才開始。這也是為什麼企業作出任何處理決定都需要給員工簽收的原因。

3.協商解除工作合約

　　在協商解除時，員工很清楚企業沒證據才找自己談。企業也很明確，沒證據才放下姿態找員工協商。於是雙方在各懷鬼胎的情況下，漫無邊際地討價還價，直到雙方意見達成一致。討價還價的核心永遠只有一個，那就是經濟補償金。

　　「Money 談妥，一切 OK。」接下來企業只要將協商確定下來的東西形成一份書面的解除工作合約協議書，然後讓員工簽字即可。

4 離職工作交接事務處理要點

　　員工離職時需將其負責的工作事項向企業做一交接，對此，員工所在的工作部門及 HR 部門應認真處理。

　　⑴歸還所領用的辦公物品。

　　在實踐中，常發生員工帶著辦公設備(如筆記本電腦等易攜帶物品)擅自離職而不回公司辦理離職手續的情況，給企業正常工作造成一定負面影響與財產損失。針對此情況，一方面企業在辦理員工入職手續時即應要求提供並核實清楚員工的相關證件材料，以備

追查;另一方面,在日常管理中應建立起相關工作制度與物品管理制度,對於辦公物品的管理與使用實行可行的登記備案;第三,企業應掌握一定的技巧,分析員工的離職心理,找到員工離職的動機,若因企業原因致使員工不信任企業不辭而別,企業應在法律規範內履行必要的義務,要求員工辦理正常的離職手續;第四,員工帶走公司財物,數額較大的,將構成侵佔公司財產的犯罪行為,企業應及時向公安機關報案以維護企業利益,而不可拖延,貽誤了處理事件的時機。

(2)工作內容的交接。

離職員工若掌握一定的商業秘密,企業應針對其工作內容採取一定的包括簽署法律文件在內的措施。對於其他員工,工作內容的交接同樣是離職中必須履行的程序。如《會計法》第四十一條規定:會計人員調動工作或者離職,必須與接管人員辦清交接手續。根據此規定,若離職會計人員不予配合辦理工作交接手續,企業有權暫緩給其辦理離職手續。

5 離職中的薪資處理,工資不能隨便扣

工作糾紛的發生常由員工離職時工作關係雙方沒有就工資、補償金數額等問題達成一致意見引起。對此,筆者認為,企業應從以下幾點來考慮如何正確處理,以防範法律風險的出現。

工作關係雙方依法解除或終止工作合約,企業應在解除或終止

工作合約時，即員工離職時，一次付清工作者工資。員工向企業提供了工作，有取得工作報酬的權利，企業不得克扣或者無故拖欠工作者的工資。需要說明的是，企業向離職員工結清工資應是離職手續中的一項，這是規範的做法。有些企業習慣於要求離職員工在企業下月正常發薪日來領取工資而不是離職時予以結清，這樣辦理容易留下隱患。

（案例）

小段是某公司年輕的銷售經理，工作合約到期前一個月他通知公司：自己在合約期滿時要與公司終止工作合約。公司再三挽留未果，便立即安排有關人員，開始為小段辦理工作交接。總經理要求小段，在走之前的最後一個月，將他的銷售客戶中，一筆 3.5 萬元的欠款收回，但最終小段未能將這筆欠款收回。原因是：欠這筆款的是一個企業，該企業的營業場所已經搬遷，小段反覆尋找，也沒找到這個企業的新地址。無奈，小段只好回來，將該企業的欠款情況及相關證據交給了公司總經理，同時建議，以後可以派人再去尋找並催要欠款。總經理聽完小段的彙報，決定扣發小段最後一個月的工資。理由是：小段向這家企業銷售了產品，但最終卻沒把貨款收回來。將來公司派別人找到這家企業並收回 3.5 萬元欠款的可能性很小了，甚至可以說是不可能了。收不回這筆欠款，就是公司的損失，而這個損失，就應該由小段來賠償。所以公司決定扣發他最後一個月的工資。

（說明）

工資是工作者通過工作而依法獲得的工作報酬，工作者這種獲取工資的權利，在法律上是有明文規定的：工資應當以貨幣形式按月支付給工作者本人。不得克扣或者無故拖欠工作者的工資。凡是需要停發或扣發工作者工資時，都必須有可靠的法律依據才行。否則，就是對工作者工資權益的侵犯，就應承擔違法責任。

近些年來，市場上大部份產品都是供大於求，總體上說是買方市場。對於生產型企業來說，銷售自己的產品因此成了一大難題。為了促銷，許多企業採取了先發貨，後收款的辦法。本案中的公司，就是採取了這種辦法，因此，才出現了小段在離開公司之前，尚有經他銷出的產品未收回貨款的現象。顯然，這主要是公司經營策略造成的後果，不應由小段一人單獨來承擔責任。

另外，公司認定未收回的 3.5 萬元貨款，已是小段給公司造成的損失，也是不正確的。因為雖然欠這筆款的企業搬遷後，暫時沒被小段找到，但並不能說永遠就找不到它了。更不能斷言這筆款就再也收不回來了。既然公司還不清楚 3.5 萬元是否能收回，怎麼能談得上賠償問題呢？

綜上可以看出，公司以小段造成了 3.5 萬元的損失為理由，而扣發他當月的工資，既沒有事實依據，也沒有法律依據，完全是一種侵犯小段合法權益的行為。

6 離職作業流程

圖 9-6-1 員工離職流程

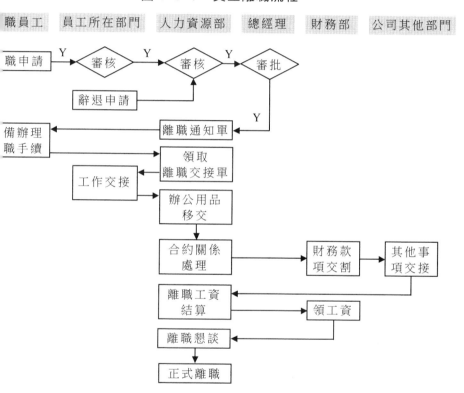

| 離職員工 | 員工所在部門 | 人力資源部 | 總經理 | 財務部 | 公司其他部門 |

1. 提交離職申請報告

員工應當提前 1 個月向部門負責人書面提出。

2. 溝通挽留

主管與辭職員工溝通,對績效良好的員工努力挽留,探討改善其工作環境、條件和待遇的可能性。

3. 離職申請表

主動離職的員工由本人填寫《離職申請表》,說明離職事由如辭職、退休等原因;如果是由用人部門提出辭退申請的,則填寫《辭退申請表》。

表 9-6-1　離職申請表

姓名		編號	
部門		崗位名稱	
到職日期		預定離職日期	
離職後職業			
事由			
部門意見			
人事部意見			
批示			
備註			

表 9-6-2 辭退申請表

部門			
擬辭退人姓名		崗位名稱	
到職日期		預定離職日期	
事由			
部門意見			
人事部意見			
批示			
備註			

4. 獲准辭職

本部門負責人、主管副總經理、總經理批准；部門負責人辭職由主管副總經理、總經理批准。批准後下發《離職通知單》。

5. 工作移交

本人、接任者和部門負責人共同辦理工作交接，包括收回各類文件資料、電腦磁碟等，填寫《離職工作移交清單》。

部門負責人在交接完成後通知電腦系統管理員注銷用戶，填寫《注銷用戶通知單》。

表 9-6-3 離職通知單

部門		姓名		職位		到職日期	

已獲准於　　年　　月　　日離職，請依下列所載項目辦理離職手續

離職原因：主動離職：□體弱多病　　□服兵役　　□其他原因
　　　　　被動離職：□試用不合格　□辭退　　□開除

序號	應辦事項	經辦單位	經辦人蓋章	扣款金額
1	經辦工作交接(應列清單)	本部門		
2	退回有關職工證件等	行政部		
3	住宿人員辦理退宿			
4	繳回制服、鑰匙等			
5	繳回個人領用的文化用具			
6	繳回員工手冊，辦理退保，填寫離職人員有關表格	人力資源部		
7	填寫停薪單送會計科			
8	填人員變動登記表，取消插條、人員名冊等			
9	審查上列事項	人力資源部		
10	有無欠賬，有無財務未清事項	財務部		
11	發薪審核	會計主管		
	上述事項必須完全辦理清楚，方可離職 財務科憑本單核發離職人員薪金後，轉回人事科存查			

表 9-6-4　離職工作移交清單

部門		姓名		職位		到職日期	

已獲准於　　年　　月　　日離職，請依下列所載項目辦理工作移交手續

離職原因：主動離職：□體弱多病　　□服兵役　　　□其他原因

　　　　　被動離職：□試用不合格　□辭退　　　　□開除

序號	應辦事項	經辦單位	接收人	監交人
一、	文件移交			
1				
2				
3				
4				
5				
……				
二、	物品實物移交			
1				
2				
3				
4				
……				
三、	人員移交			
	花名冊			
四、	待辦事項			
1				
2				
3				
……				

表 9-6-5　注銷用戶通知單

```
_____部門：

_____已獲准於____年___月___日離職，請系統管理員注銷其用戶

及相應權限。

原所在部門：_____

原編號：_____

                                    部門蓋章：

                                    主管簽字蓋章：

                                    經辦人簽字蓋章：
```

6.清還用品

行政管理員向辭職者收回：

⑴工作證、識別證、鑰匙、名片、員工手冊；

⑵價值在 30 元以上的辦公用品；

⑶公司分配使用的車輛、住房；

⑷其他屬於公司的財物。

同時填寫《離職通知單》。

7.離職談話

人力資源管理員協同行政部經理進行離職談話，談話內容包括：

⑴審查工作合約；

⑵審查文件、資料的所有權；

⑶審查其瞭解公司秘密的程度；

⑷審查其掌管工作、進度和角色；

⑸審查員工的福利狀況；

⑹闡明公司和員工的權利和義務；

⑺回答員工可能有的問題；

⑻徵求對公司的評價及建議。

談話要做記錄，填寫《離職面談記錄》，並由行政部經理和離職人簽名，分存公司和員工檔案。

8.財務結算

憑行政部開出的《離職結算通知單》進行財務結算。

9.開具離職證明書

由人力資源開具《員工離職證明書》，並辦理相關的社會保險和檔案轉移的手續。

表 9-6-6　離職面談記錄

部門		姓名		職位		到職日期	
面談時間		地點		經辦人			
離職面談事項							
一、	離職的真正原因：						
二、	離職人員對公司當前管理文化的評價：						
三、	對公司當有工作環境以及內部人際關係的看法：						
四、	對所在部門或公司層面需要改進的合理化建議：						
五、	離職後本崗位後續工作展開的建議以及離職後個人職業生涯規劃：						

表 9-6-7　離職結算通知單

部門		姓名		職位		到職日期	
離職日期		地點		經辦人			

財務結算事項						
事項	應付金額	應收金額	原因	經辦人	覆核人
工資					
補償金					
違約金					
培訓費用					
丟失損壞物品					
借款					
……					
合計					

主管審核簽字：

結算完成證明

＿＿＿＿＿＿已經辦理好以上財務結算事項，特此證明。請人力資源部辦理後續離職手續。

財務部蓋章

年　　月　　日

表 9-6-8　員工離職證明書

年　　月　　日

姓名		出生 年月日		年　　月　　日		籍貫	
工作單位			職稱		離職日期		

（員工離職證明書存根）

員工離職證明書							
姓名		出生 年月日		年　　月　　日		籍貫	
工作單位及 職稱		到職日期		勞保卡號參			
		退職日期		保日期			
離職原因			備註				

總經理　　　　　年　　月　　日

7 員工主動要辭職的，應當要求 員工先遞交辭職申請書

（案例）

高某在公司擔任銷售經理 2 年，後因為高某搬家離公司比較遠。於是向公司口頭提出了辭職，公司表示同意。雙方簽訂了書面終止工作合約的協定，協定是這樣寫的：「某公司與高某經過協商，決定提前終止工作合約，雙方的工作合約於 2008 年 10 月 31 日終止。」雙方簽訂書面終止工作合約的協議後，高某辦理了工作交接手續。高某辦理完交接手續後卻要求公司支付 2 個月的經濟補償金，公司認為是高某主動提出的辭職，公司不應該補償。高某為此提起仲裁，在仲裁中，公司雖然主張是高某主動提的辭職，但無法提供任何證據，而雙方簽訂的協議也無法證明究竟是哪方首先提出的解除合約，最後在勞動爭議仲裁委員會的主持下，雙方互讓一步，達成和解，該公司支付高某 1 個月的經濟補償金。

（說明）

在本案中，雖然是高某主動提出的辭職，但由於高某只是口頭表示辭職，雙方簽訂的書面終止合約協定中並沒有說明高某主動辭職，因此企業在勞動仲裁中才處於被動的地位。

因此，如果員工提出辭職，用人單位一定要要求員工遞交辭職

報告或者在終止協議中明確指出是工作者首先提出的辭職，並且需要親筆簽字。

8 用人單位一定要對員工進行離職前的健康檢查

（案例）

小范在某公司從事電焊工作，工作 4 個月後，小范從公司離職，但公司並沒有為小范進行離崗健康檢查。離職後，小范並沒有再找工作，而是自己私下幫人進行電焊工作。1 年後，小范感覺身體不適，經檢查，證實他所患的為電焊工塵肺一期病症，於是小范要求原公司承擔責任，但公司不予賠償。小范於是申請了勞動仲裁，公司認為小范已經離開公司一年的時間，而且據他們瞭解小范在離開公司後自己也從事電焊工作，因此不能證明職業病是在單位工作期間患上的，而且在單位工作的時間非常的短。但小范對此予以否認。

勞動爭議仲裁委員會審理後認為，由於法律規定，對從事接觸職業病危害的作業的工作者，未進行離崗前職業健康檢查的工作者不得解除或者終止與其訂立的工作合約。公司沒有進行離崗前的體檢就終止了工作合約，公司雖然聲稱小范在離職後從事電焊工作，但小范對此予以否認，公司又無其他證據予以證明，因此裁決公司承擔全部責任。

(說明)

在本案中,小范所在的單位正是因為沒有對小范進行辭職離崗前的健康體檢,才導致承擔責任。

在本單位患職業病或者因工負傷並被確認喪失或者部份喪失勞動能力的。

工作者患職業病或者因工負傷,同時工作者必須被確認喪失或者部份喪失勞動能力。工作者雖然患病或者因工負傷,但已經治療好,並沒有喪失或者部份喪失勞動能力的,用人單位仍然有權依據解除工作合約。職工發生工傷,經治療傷情相對穩定後存在殘疾、影響勞動能力的,應當進行勞動能力鑑定。勞動能力鑑定是指勞動功能障礙程度和生活自理障礙程度的等級鑑定。勞動功能障礙分為十個傷殘等級,最重的為一級,最輕的為十級。生活自理障礙分為三個等級:即生活完全不能自理、生活大部份不能自理和生活部份不能自理。勞動能力鑑定標準由國務院社會保險行政部門會同國務院衛生行政部門等部門制定。

9 對不辭而別員工的處理

大陸規定：「工作者提前三十日以書面形式通知用人單位，可以解除工作合約。工作者在試用期內提前三日通知用人單位，可以解除工作合約。」因此，工作者如果提前解除工作合約，在試用期內，必須提前三日通知用人單位；如果已經過了試用期，則必須提前 30 天書面通知用人單位，才能解除工作合約。法律之所以這麼規定，是因為對於用人單位來說，每一個崗位都是有固定職責的，工作者的辭職，對用人單位正常的工作秩序將造成極大的影響。為了對用人單位的工作秩序產生最小的影響，讓用人單位有一個準備的過程。

而現實生活中經常出現這種情況，員工今天提出離職，而第二天就不來上班了，不管單位是否同意。即使用人單位不同意，辭職的員工第二天也不來上班，工資也不要了，弄得單位非常被動，甚至給用人單位造成了極大的損失。

對於一些高端的職位，出現不辭而別的情況比較少，主要是一些勞動密集型企業，像生產工人等，出現不辭而別的情況比較多。

對於不辭而別的員工，如果用人單位處理不當，將帶來極大的危機，用人單位必須重視對不辭而別員工的處理。

對不辭而別員工處理不當，可能存在的風險有：

(1)發生交通事故可能被認定為工傷。

(2)與工作者的勞動關係沒有解除，一旦工作者在外面失蹤或者

死亡，家屬將向用人單位索賠。

(3)由於勞動關係並沒有解除，工作者可能會向用人單位主張其他一些權益。因此，用人單位一定重視處理不辭而別員工的問題。

對於「不辭而別」員工的解聘，應當履行如下流程：

(1)以書面形式直接送達職工本人；本人不在的，交其同住成年親屬簽收。

(2)直接送達有困難的可以郵寄送達，以掛號查詢回執上注明的收件日期為送達日期。

(3)只有在受送達職工下落不明，或者用上述送達方式無法送達的情況下，方可公告送達，即張貼公告或通過新聞媒介通知。自發出公告之日起，經過三十日，即視為送達。

(4)無論以上述何種方式送達，送達成功後，用人單位均可以上述方式發出書面解聘決定。

(5)解除工作合約需要辦理的一些事項，如工資及費用結算、工作交接、檔案及社會保險轉移等，按照相關法律法規、用人單位規章制度辦理。

能夠向員工直接送達或者郵寄送達而不用，直接採用公告送達，視為無效。為了避免公告送達被認為無效，在採用公告送達方式前，無論是否實現直接送達或者郵寄送達，均應該先採用上述兩種方式送達，並保留採取上述兩種方式送達的證據。為了保留郵寄送達的證據，建議對郵寄過程儘量進行公證。

10 員工離職管理制度範例

1. 目的

為了保證公司人力資源部正常工作的有效進行，使公司的管理制度更完善。

2. 範圍

本管理程序適用於貿易公司全體員工。

3. 定義

離職分辭職、解僱和資遣三種類型：

⑴辭職（員工主動要求脫離現任工作崗位，與公司解除工作合約）；

⑵解僱（公司因員工過失或違反公司相關規定等原因而免去其職務，並終止合約）；

⑶資遣（公司根據自己經營狀況調整崗位結構，或因員工不能勝任工作崗位，需變更或終止工作合約）。

4. 職責(略)

5. 程序

(1)辭職程序

員工向部門遞交辭職報告，填制《員工狀況變動表》，人力資源部審核並報公司審批通過後，在 KM 系統上發佈離職公告；同時《員工狀況變動表》由人力資源部歸檔。

人力資源部安排有關進行離職面談，瞭解辭職員工具體情況，

並明確工作交接和離職程序，就達成的相關事項做《離職面談備忘錄》。

辭職員工按指定期限進行工作交接，內容包括：移交固定資產（物品移交），財務，業務關係等，交接完畢後將《員工工作交接清單》交予人力資源部核定。

人力資源部統計製作《應付薪資發放表》，並通知財務部發放應發薪資(獎金發放按有關規定執行)。

(2)解僱程序

解僱按法律、法規及公司《行政處罰條例》、《財務管理制度》等有關規定執行。

部門提出申請，填寫《員工狀況變動表》，經部門負責人簽署後，送人力資源部審核，總部員工解僱需報請總經理批准。

申請批准後，人力資源部安排相關人員敦促其儘快完成工作交接，交接完畢後，將《員工工作交接清單》報人力資源部審核，人力資源部進行工資結算，並通知財務部發放應付薪資。

(3)資遣程序資遣的原因：

因業務緊縮或結構調整；

全部或部份停產；

因不可抗拒力事件停產；

對工作不能勝任者；

患有嚴重疾病，經醫院證明不能繼續工作者。

資遣程序與解僱程序相同。

(4)離職管理

員工辭職應當提前 30 日以書面形式通知部門負責人或人力資

源部門，公司解僱，資遣員工應當提前 30 日以書面形式通知員工本人。

總部員工離職須經部門負責人及總經理批准後方可生效；片區主管級人員，梯隊計劃人員以及榮獲公司年度表彰（優秀，十佳，傑出）醫學代表離職，需經過銷售部銷售總監的批准後方可生效；片區其他人員離職由區總批准後生效。未經批准擅自離職超過規定時間的，按曠工做解僱處理，造成公司損失的，應當賠償損失。

員工經批准離職的，工資結算離職之月；員工主動離職的，工資結算離職之日。

員工辭職或公司解僱員工，公司不支付補償；公司資遣員工應當支付員工一定數額的資遣費用。資遣費用按照在員工本公司服務年限，服務每滿一年，發放一個月工資作為資遣費用，最高不超過 12 個月。未滿一年，按一個月計算。月工資以工作合約解除前 3 個月員工的月平均工資計算。

離職人員應在離職申請批准後一星期內到相應部門辦理離職交接手續，一個月內完成交接，並在三個月內完成檔案轉遞手續。

⑸員工自願離職管理流程

※員工自願離職應做以下工作：

填寫《員工狀況變動表》；

配合直屬上司、部門詢問，回答有關離職的細節問題；

配合公司各級商討挽留條件，並對挽留條件做出答覆；

和人力資源部相關人員進行離職面談；

填寫《員工工作交接清單》等各項離職手續；

　　※員工直屬上司應做以下工作：

　　接收自願離職員工交來的《員工工狀況變動表》；

　　審閱《員工狀況變動表》；

　　審閱員工業績(可由部門自行提供或由人力資源部薪資主管提供)；

　　詢問員工離職的細節問題；

　　決定是否挽留及挽留條件(包括薪酬待遇、職位，如有必要可與員工一起討論)：

　　挽留如員工接受條件，放棄離職想法，則轉入升職/提薪管理流程或職位調動管理流程；如不挽留或經挽留無效，則交部門處理。

　　※部門應做以下工作：

　　接員工直屬上司交來自願離職員工的《員工狀況變動表》；審閱《員工狀況變動表》；

　　審閱員工業績(可由部門自行提供或由人力資源部薪資主管提供)；

　　詢問員工離職的細節問題；

　　決定是否挽留及挽留條件(包括薪酬待遇、職位，如有必要可與員工一起討論)：

　　挽留，如員工接受條件，放棄離職想法，則轉入升職/提薪管理流程或職位調動管理流程；如不挽留或經挽留無效，則交人力資源部行政模塊處理。

　　在《員工狀況變動表》上簽署意見後，交人力資源部行政專員(總部員工需總經理室批示)。

※人力資源部應做以下工作：

接收員工部門轉來自願離職員工的《員工狀況變動表》；

根據公司及人力資源部政策審查《員工狀況變動表》；

根據公司政策，計算員工離職所需費用和補償；

在系統上發佈員工離職信息。

※總經理室審批：

審閱《員工狀況變動表》；

審閱員工業績及員工離職的細節問題；

決定是否挽留及挽留條件（包括薪酬待遇、職位，如有必要可與員工一起討論）：

挽留，如員工接受條件，放棄離職想法，則轉人升職/提薪管理流程或職位調動管理流程；如不挽留或經挽留無效，則交人力資源部行政模塊處理。

人力資源部人事行政經理負責監督人事行政助理將所有資料錄入數據庫。

⑹員工非自願離職管理流程

※員工非離職管理流程：

上接員工入職管理流程，分解僱和遣散兩種類型。員工非自願離職申請步驟由員工直屬上司做以下工作開始：

填寫《員工狀況變動表》；

將《員工狀況變動表》交部門審閱，或直接交人力資源部行政模塊審查部門應做以下工作：

接員工直屬上司交來非自願離職員工的《員工狀況變動表》；

審閱《員工狀況變動表》；

審閱員工業績(可由部門自行提供或由人力資源部薪資及績效考核經理提供);

※決定是否批准:

如批准,則轉交人力資源部人事行政經理;如不批准,則註明回絕理由後交還員工直屬上司處理。

※人力資源部應做以下工作:

接員工所在部門交轉來的非自願離職員工《員工狀況變動表》,根據公司及人力資源部政策審查《員工狀況變動表》;

根據和公司政策,計算員工離職所需費用和補償;

在系統上發佈員工離職信息。

※總經理室審批:

審閱《員工狀況變動表》;

審閱員工業績;

※決定是否批准:

如批准,則轉交人力資源部人事行政助理處理;如不批准,則註明總經理意見後交還員工直屬上司處理。

※非自願離職員工做以下工作:

和人力資源部行政專員進行離職面談;

填寫《員工工作交接清單》等各項離職手續;

人力資源部人事行政經理負責監督人事行政助理將所有資料錄入數據庫。

第 十 章

勞資爭議的處理流程

1 爭議處理的具體流程

工作爭議處理的基本形式有：當事人自行和解；向企業爭議調解委員會申請調解；向爭議仲裁委員會申請仲裁；向法院提起訴訟。

勞動爭議處理的總流程如圖 10-1-1 所示。

需要注意的是，向企業爭議調解委員會申請調解不是必經程序，當事人一方不願調解，或雙方調解不成，即可向仲裁機構申請爭議仲裁。

未經仲裁機構作出處理的爭議，法院不能直接受理。即，仲裁是進行訴訟的前置程序。

1. 由當事人自行和解

在企業內部，當事人自行和解需要人力資源部的支援，因此需要人力資源部介入此事。在有條件的企業中，人力資源部應當設立

「工作關係專員」這一崗位，專門用來協調員工和企業之間的工作關係。

圖 10-1-1　爭議處理的總流程

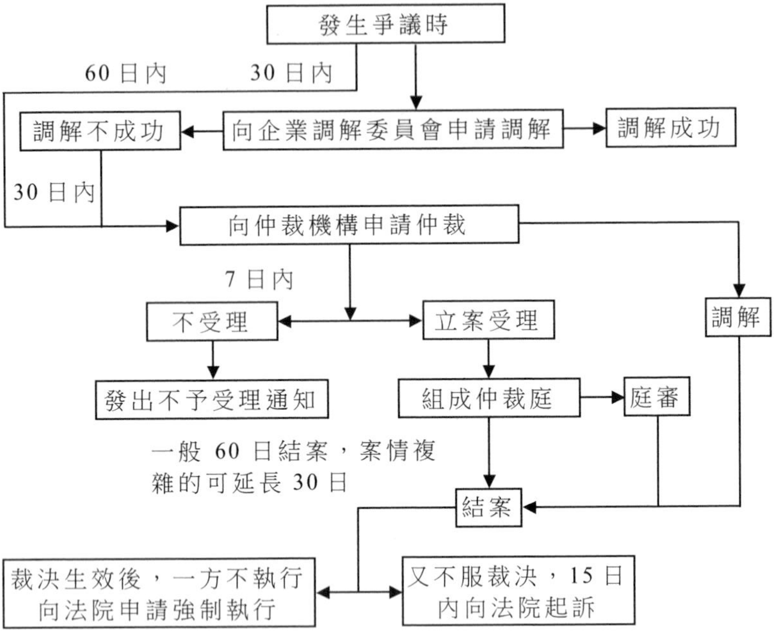

```
                    ┌─────────────┐
                    │  發生爭議時  │
                    └─────────────┘
     60日內        30日內             │
┌──────────┐   ┌──────────────────┐   ┌──────────┐
│ 調解不成功 │←─│ 向企業調解委員會申請調解 │─→│ 調解成功 │
└──────────┘   └──────────────────┘   └──────────┘
  30日內              │
     ┌────────→┌──────────────────┐
              │  向仲裁機構申請仲裁  │
              └──────────────────┘
       7日內         │                         │
   ┌────────┐   ┌──────────┐              ┌──────┐
   │ 不受理 │←─│ 立案受理  │              │ 調解 │
   └────────┘   └──────────┘              └──────┘
       │             │
┌──────────────┐  ┌──────────┐   ┌──────┐
│ 發出不予受理通知 │  │ 組成仲裁庭 │─→│ 庭審 │
└──────────────┘  └──────────┘   └──────┘
  一般 60 日結案，案情複              │
  雜的可延長 30 日                ┌──────┐
                            │ 結案 │←─
                            └──────┘
┌──────────────────┐   ┌──────────────────┐
│ 裁決生效後，一方不執行 │←→│ 又不服裁決，15 日  │
│ 向法院申請強制執行    │   │ 內向法院起訴      │
└──────────────────┘   └──────────────────┘
```

2.由企業爭議調解委員會調解

企業爭議調解委員會進行調解的前提是雙方自願進行調解，如果一方不願意調解，則調解程序無法啟動。

企業調解委員會應當由職工代表、企業代表、企業工會代表組成。職工代表由職工代表大會(或職工大會)推舉產生；企業代表由廠長(經理)指定；企業工會代表由企業工會委員會指定。當爭議人數達到三人以上時，爭議將變成集體工作爭議，因此建議企業成立

企業爭議調解委員。

如果企業沒有相應的企業爭議調解委員會，那麼在自行和解失敗的情況下或者對自行和解的結果不滿意的情況下，可以直接向當地仲裁委員會申請仲裁。企業爭議調解委員會的調解不是必選程序。

爭議當事人申請調解應當自調解之日起 30 日內結束，到期未結束的，視為調解不成。當事人可以直接向當地仲裁委員會提出仲裁申請。特別說明：在調解過程中如果不能達成一致、取得共識時，任何人不得強迫當事人接受調解協議。而經調解達成協定的，雙方當事人應當自覺履行，但是調解協議不具有強制的法律效力。如果出現爭議雙方當事人中的一方或者雙方不履行協議時，任何一方可以向當地仲裁委員會提出仲裁申請。

3. 由爭議仲裁

仲裁是指爭議仲裁機構依法對爭議雙方當事人的爭議案件進行居中公斷的執法行為，其中包括對案件的依法審理和對爭議的調解、裁決等一系列活動或行為。

作為企業爭議的處理辦法之一，仲裁一般要經歷這樣幾個辦案階段：

(1)案件受理階段。這一階段實際上有兩項工作要做。一是仲裁申請。這是當事人要做的工作。任何一方當事人在規定的時效內可向爭議仲裁委員會提交請求仲裁的書面申請。二是案件受理。這是仲裁委員會要做的工作。仲裁委員會在收到仲裁申請後一段時間內要做出受理或不受理的決定。

(2)調查取證階段。在受理申訴人的仲裁申請後，仲裁委員會就

要進行有針對性的調查取證工作，這其中包括擬定調查提綱，根據調查提綱進行有針對性的調查取證，核實調查結果和有關證據等。調查取證的目的是收集有關證據和材料，查明爭議事實，為下一步的調解或裁決做好準備工作。

⑶進行調解階段。仲裁庭在查明事實的基礎上，要先進行調解工作，努力促使雙方當事人自願達成協定。對達成協定的，仲裁庭還需製作仲裁調解書。

⑷裁決實施階段。經仲裁庭調解無效或仲裁調解書送達前當事人反悔，調解失敗。這時，仲裁庭應及時實施裁決。仲裁庭的裁決要通過召開仲裁會議的形式做出。一般要經過庭審調查、雙方辯論和陳述等過程，最後由仲裁員對爭議事實進行充分協商，按照少數服從多數的原則做出裁決。仲裁庭做出裁決後應制作調解裁決書。當事人對裁決不服的，可在規定時間內向法院起訴。

⑸調解或裁決執行階段。仲裁調解書自送達當事人之日起生效，仲裁裁決書在法定起訴期滿後生效。

4.工作爭議訴訟

爭議訴訟又稱法院審理，是指法院依照法定程序，以有關法規為依據，以爭議案件的事實為準繩，對企業工作爭議案件進行審理的活動。企業爭議的法律訴訟一般有以下五個階段：

⑴起訴、受理階段。起訴是指爭議當事人向法院提出訴訟請求，要求法院行使審判權，依法保護自己的合法權益。訴訟請求要盡可能詳細，要明確被告，要說明要求被告承擔何種義務等。受理是指法院接受爭議案件並同意審理。法院的受理與否是在對原告的起訴進行審查以後做出決定的。

⑵調查取證階段。法院的調查取證除了對原告提供的有關材料、證據或仲裁機構掌握的情況、證據進行核實外，自己還要對爭議的有關情況、事實進行重點的調查。

⑶進行調解階段。法院的調解也要在雙方當事人自願的基礎上，法院不得強迫調解。調解成功的，要製作法院調解書。法院調解不成或調解書送達前當事人反悔的，法院應當進行及時判決。

⑷開庭審理階段。開庭審理是在法院調解失敗的情況下進行的。這一階段主要進行這樣一些活動：法庭調查、法庭辯論和法庭判決。

⑸判決執行階段。法庭判決書送達當事人以後，當事人在規定時間內不向上一級法院上訴的，判決書即行生效，雙方當事人必須執行。

2 拖欠工資及提成款

有很多企業對於按時支付員工工資並不重視，經常是過了規定的工資支付時間，還遲遲不支付員工工資，甚至拖延員工兩三個月工資都是很常見的事情，豈不知這隱藏了巨大的法律風險。很多員工由於打算繼續在用人單位工作，所以可能並不與單位太計較，但如果有些員工打算換工作，正好可以以此為藉口解除工作合約並索取經濟補償金。

用人單位未及時足額支付勞動報酬的，工作者有權解除工作合

約；工作者有權要求經濟補償；根據大陸的規定，勞動行政部門責令用人單位限期支付，用人單位逾期不支付的，勞動行政部門可以責令用人單位按應付金額百分之五十以上百分之一百以下的標準向工作者加付賠償金。

《工資支付暫行規定》第 18 條也規定，用人單位克扣或者無故拖欠工作者工資的，由勞動行政部門責令其支付工作者工資和經濟補償，並可責令其支付賠償金。

據頒佈的《對(工資支付暫行規定)有關問題的補充規定》中的規定，「克扣」系指用人單位無正當理由扣減工作者應得工資(即在工作者已提供正常勞動的前提下用人單位按工作合約規定的標準應當支付給工作者的全部勞動報酬)。不包括以下減發工資的情況：

⑴國家的法律、法規中有明確規定的；

⑵依法簽訂的工作合約中有明確規定的；

⑶用人單位依法制定並經職代會批准的廠規、廠紀中有明確規定的；

⑷企業工資總額與經濟效益相聯繫，經濟效益下浮時，工資必須下浮的(但支付給工作者工資不得低於當地的最低工資標準)；

⑸因工作者請事假等相應減發工資等。

「無故拖欠」系指用人單位無正當理由超過規定付薪時間未支付工作者工資。不包括：

⑴用人單位遇到非人力所能抗拒的自然災害、戰爭等原因，無法按時支付工資；

⑵用人單位確因生產經營困難、資金周轉受到影響，在征得本單位工會同意後，可暫時延期支付工作者工資，延期時間的最長限

制可由各省、自治區、直轄市勞動行政部門根據各地情況確定。其他情況下拖欠工資均屬無故拖欠。

3 員工薪資必須按時支付、足額支付

　　企業與員工在工作合約中約定了薪資標準，之後應該如何執行？怎麼調薪？怎麼算加班薪資？病假薪資？薪資應該如何支付？

　　這些都是薪酬制度中需要明確的問題。一份合理、合法的薪酬制度更能幫助企業靈活操作，規避法律風險。一份漏洞百出的薪酬制度只會拉企業的後腿，最終成為員工手中一份致使企業敗訴的有力證據。所以，設計一份合法有效且全面的薪酬制度是每個企業的當務之急。

（案例）

　　2009 年 3 月，某裝修公司承接了一項建築安裝工程，約定工程在 7 月份完工。該公司於是僱用楊某等人至工程基地做工，同時與楊某等人約定，待工程完工後結算薪資。之後工程因故延期至 2009 年 9 月方才完工，發包單位未及時與裝修公司結算工程款，裝修公司也未按事先約定支付給楊某等薪資。經楊某多次向裝修公司索要，裝修公司向楊某出具欠據一份，欠據載明：「今欠薪資 7000 元，等工程款付後全部結清。」並要

求楊某在欠據上簽字確認。為了能夠從裝修公司那裏得到欠付薪資的憑證，楊某等人當時未提出異議。過了一個多月，由於還未拿到薪資，楊某遂向爭議仲裁委員會提出仲裁申請，要求裝修公司即刻支付工作報酬 7000 元。裝修公司則認為，欠款屬實，但雙方暫時不能支付報酬。那麼雙方的這種約定是否有效？楊某能否如願獲得薪資？

（說明）

本案爭議的焦點，在於雙方就支付工作報酬所附的條件是否有效。對此，有兩種不同的意見。

一種意見認為，雙方已就支付工作報酬的時間重新做了約定。而員工也在約定上簽了字，應當視為員工同意。雙方的約定是雙方當事人在平等、自願的基礎上訂立的，是雙方真實意思的表示，並不違反法律強制性規定，對雙方當事人均具有約束力。

另一種意見認為，該付款約定所附條件顯失公平，剝奪了工作者獲得報酬的權利，故裝修公司暫不支付薪資的做法是不對的。

我們贊成第二種觀點。因為根據規定，企業應當至少每月支付一次薪資。而現在雙方就薪資發放所做的約定已經明顯違反了這一規定，損害到了員工一方的利益。違反法律規定的約定自是無效，所以，裝修公司應當按約定標準立即支付楊某等薪資。在本案中，其實楊某等還可以主張 25%的拖欠薪資的賠償金。

4 薪資應當以法定貨幣支付，不得以實物及有價證券替代貨幣支付

（案例）

丁某是某汽車貿易公司聘用的銷售人員，2009 年 6 月，丁某與公司簽訂了書面工作合約。該合約規定：丁某的月薪資為 15000 元，獎金按銷售業績提成；每月薪資的支付日期為 30 日，合約期限為 3 年。

某實業公司曾於 2007 年 8 月向丁某所在的汽車貿易公司購買汽車三台，購車時支付了部份貨款，尚欠 150 萬元。因該實業公司無資金償還汽車貿易公司的剩餘貨款，2009 年 1 月，汽車貿易公司與實業公司商定：實業公司以其生產組裝的吸塵器抵償債務，以每台吸塵器折價 2500 元計算，來充抵貨款。此後由於該吸塵器在市場上難以銷售，2009 年 8 月 7 日，汽車貿易公司董事會研究決定將抵債商品吸塵器以每台 1000 元的價格，作為薪資發給公司員工，而員工被抵扣的薪資則作為實業公司的貨款，還給汽車貿易公司。就這樣，每個員工被扣除買吸塵器的金額元。丁某由於銷售薪資剛剛開始，沒有業務提成獎金。但也不例外地被扣發了薪資。而對家裏存放的 8 台吸塵器，丁某實在有些哭笑不得。在左思右想之後，丁某以全家經濟困難為由，要求公司財務部按「工作合約」規定，全額發放薪資 15000 元。對此，財務部以無權決定為由，讓丁某找公司

董事長。丁某找到董事長，得到的答覆是：「以吸塵器抵發薪資是經董事會研究決定的，其目的是為了盤活公司資金，減少公司損失，同時也讓利於員工。」

丁某聽罷此言，感覺要想在公司內部解決此事已毫無希望，於是就向爭議仲裁委員會提出申訴，要求汽車貿易公司按合約規定，如數發放本人薪資。

（說明）

本案涉及的主要問題是有關薪資支付時間和形式。

中國勞動法規定：「薪資應當以貨幣形式按月支付給工作者本人，不得克扣或無故拖欠工作者的薪資。」

進一步明確規定：「薪資應當以法定貨幣支付。不得以實物及有價證券替代貨幣支付。」

法律對於薪資的支付時間和形式規定得十分明確，即薪資應當每月在約定的日期支付，支付的形式是法定貨幣，不能以實物支付。

本案中，公司以吸塵器抵發薪資是經董事會研究決定為由的行為實屬強買強賣。而吸塵器屬典型的實物，並非法定貨幣，所以公司這樣的薪資支付方式就已經違法。員工有權向公司要求以貨幣形式全額支付薪資。

臺灣的核心競爭力，就在這裏！

圖 書 出 版 目 錄

憲業企管顧問（集團）公司為企業界提供診斷、輔導、培訓等專項工作。下列圖書是由臺灣的憲業企管顧問（集團）公司所出版，自 1993 年秉持專業立場，特別注重實務應用，50 餘位顧問師為企業界提供最專業的經營管理類圖書。

選購企管書，敬請認明品牌：**憲 業 企 管 公 司**。

1. 傳播書香社會，直接向本出版社購買，一律 9 折優惠，郵遞費用由本公司負擔。服務電話 (02) 27622241 (03) 9310960　傳真 (03) 9310961
2. 付款方式：請將書款轉帳到我公司下列的銀行帳戶。
   - 銀行名稱：合作金庫銀行（敦南分行）帳號：**5034-717-347447**
     公司名稱：憲業企管顧問有限公司
   - 郵局劃撥號碼：**18410591**　郵局劃撥戶名：憲業企管顧問公司
3. 圖書出版資料每週隨時更新，請見網站 www.bookstore99.com

經營顧問叢書

25	王永慶的經營管理	360 元	122	熱愛工作	360 元
47	營業部門推銷技巧	390 元	125	部門經營計劃工作	360 元
52	堅持一定成功	360 元	129	邁克爾・波特的戰略智慧	360 元
56	對準目標	360 元	130	如何制定企業經營戰略	360 元
60	寶潔品牌操作手冊	360 元	135	成敗關鍵的談判技巧	360 元
72	傳銷致富	360 元	137	生產部門、行銷部門績效考核手冊	360 元
78	財務經理手冊	360 元	139	行銷機能診斷	360 元
79	財務診斷技巧	360 元	140	企業如何節流	360 元
86	企劃管理制度化	360 元	141	責任	360 元
91	汽車販賣技巧大公開	360 元	142	企業接棒人	360 元
97	企業收款管理	360 元	144	企業的外包操作管理	360 元
100	幹部決定執行力	360 元			

146	主管階層績效考核手冊	360 元		226	商業網站成功密碼	360 元
147	六步打造績效考核體系	360 元		228	經營分析	360 元
148	六步打造培訓體系	360 元		229	產品經理手冊	360 元
149	展覽會行銷技巧	360 元		230	診斷改善你的企業	360 元
150	企業流程管理技巧	360 元		232	電子郵件成功技巧	360 元
152	向西點軍校學管理	360 元		234	銷售通路管理實務〈增訂二版〉	360 元
154	領導你的成功團隊	360 元				
155	頂尖傳銷術	360 元		235	求職面試一定成功	360 元
160	各部門編制預算工作	360 元		236	客戶管理操作實務〈增訂二版〉	360 元
163	只為成功找方法，不為失敗找藉口	360 元		237	總經理如何領導成功團隊	360 元
				238	總經理如何熟悉財務控制	360 元
167	網路商店管理手冊	360 元		239	總經理如何靈活調動資金	360 元
168	生氣不如爭氣	360 元		240	有趣的生活經濟學	360 元
170	模仿就能成功	350 元		241	業務員經營轄區市場（增訂二版）	360 元
176	每天進步一點點	350 元				
181	速度是贏利關鍵	360 元		242	搜索引擎行銷	360 元
183	如何識別人才	360 元		243	如何推動利潤中心制度（增訂二版）	360 元
184	找方法解決問題	360 元				
185	不景氣時期，如何降低成本	360 元		244	經營智慧	360 元
186	營業管理疑難雜症與對策	360 元		245	企業危機應對實戰技巧	360 元
187	廠商掌握零售賣場的竅門	360 元		246	行銷總監工作指引	360 元
188	推銷之神傳世技巧	360 元		247	行銷總監實戰案例	360 元
189	企業經營案例解析	360 元		248	企業戰略執行手冊	360 元
191	豐田汽車管理模式	360 元		249	大客戶搖錢樹	360 元
192	企業執行力（技巧篇）	360 元		250	企業經營計劃〈增訂二版〉	360 元
193	領導魅力	360 元		252	營業管理實務（增訂二版）	360 元
198	銷售說服技巧	360 元		253	銷售部門績效考核量化指標	360 元
199	促銷工具疑難雜症與對策	360 元		254	員工招聘操作手冊	360 元
200	如何推動目標管理（第三版）	390 元		256	有效溝通技巧	360 元
201	網路行銷技巧	360 元		257	會議手冊	360 元
204	客戶服務部工作流程	360 元		258	如何處理員工離職問題	360 元
206	如何鞏固客戶（增訂二版）	360 元		259	提高工作效率	360 元
208	經濟大崩潰	360 元		261	員工招聘性向測試方法	360 元
215	行銷計劃書的撰寫與執行	360 元		262	解決問題	360 元
216	內部控制實務與案例	360 元		263	微利時代制勝法寶	360 元
217	透視財務分析內幕	360 元		264	如何拿到 VC（風險投資）的錢	360 元
219	總經理如何管理公司	360 元				
222	確保新產品銷售成功	360 元		267	促銷管理實務〈增訂五版〉	360 元
223	品牌成功關鍵步驟	360 元		268	顧客情報管理技巧	360 元
224	客戶服務部門績效量化指標	360 元				

269	如何改善企業組織績效〈增訂二版〉	360 元
270	低調才是大智慧	360 元
272	主管必備的授權技巧	360 元
275	主管如何激勵部屬	360 元
276	輕鬆擁有幽默口才	360 元
278	面試主考官工作實務	360 元
279	總經理重點工作（增訂二版）	360 元
282	如何提高市場佔有率（增訂二版）	360 元
283	財務部流程規範化管理（增訂二版）	360 元
284	時間管理手冊	360 元
285	人事經理操作手冊（增訂二版）	360 元
286	贏得競爭優勢的模仿戰略	360 元
287	電話推銷培訓教材（增訂三版）	360 元
288	贏在細節管理（增訂二版）	360 元
289	企業識別系統 CIS（增訂二版）	360 元
290	部門主管手冊（增訂五版）	360 元
291	財務查帳技巧（增訂二版）	360 元
292	商業簡報技巧	360 元
293	業務員疑難雜症與對策（增訂二版）	360 元
295	哈佛領導力課程	360 元
296	如何診斷企業財務狀況	360 元
297	營業部轄區管理規範工具書	360 元
298	售後服務手冊	360 元
299	業績倍增的銷售技巧	400 元
300	行政部流程規範化管理（增訂二版）	400 元
302	行銷部流程規範化管理（增訂二版）	400 元
304	生產部流程規範化管理（增訂二版）	400 元
305	績效考核手冊(增訂二版)	400 元
307	招聘作業規範手冊	420 元
308	喬‧吉拉德銷售智慧	400 元
309	商品鋪貨規範工具書	400 元

310	企業併購案例精華（增訂二版）	420 元
311	客戶抱怨手冊	400 元
312	如何撰寫職位說明書（增訂二版）	400 元
313	總務部門重點工作（增訂三版）	400 元
314	客戶拒絕就是銷售成功的開始	400 元
315	如何選人、育人、用人、留人、辭人	400 元
316	危機管理案例精華	400 元
317	節約的都是利潤	400 元
318	企業盈利模式	400 元
319	應收帳款的管理與催收	420 元
320	總經理手冊	420 元
321	新產品銷售一定成功	420 元
322	銷售獎勵辦法	420 元
323	財務主管工作手冊	420 元
324	降低人力成本	420 元
325	企業如何制度化	420 元
326	終端零售店管理手冊	420 元
327	客戶管理應用技巧	420 元
328	如何撰寫商業計畫書（增訂二版）	420 元
329	利潤中心制度運作技巧	420 元
330	企業要注重現金流	420 元
331	經銷商管理實務	450 元
332	內部控制規範手冊（增訂二版）	420 元
333	人力資源部流程規範化管理（增訂五版）	420 元
334	各部門年度計劃工作（增訂三版）	420 元
335	人力資源部官司案件大公開	420 元

《商店叢書》

18	店員推銷技巧	360 元
30	特許連鎖業經營技巧	360 元
35	商店標準操作流程	360 元
36	商店導購口才專業培訓	360 元
37	速食店操作手冊〈增訂二版〉	360 元

38	網路商店創業手冊〈增訂二版〉	360 元
40	商店診斷實務	360 元
41	店鋪商品管理手冊	360 元
42	店員操作手冊（增訂三版）	360 元
44	店長如何提升業績〈增訂二版〉	360 元
45	向肯德基學習連鎖經營〈增訂二版〉	360 元
47	賣場如何經營會員制俱樂部	360 元
48	賣場銷量神奇交叉分析	360 元
49	商場促銷法寶	360 元
53	餐飲業工作規範	360 元
54	有效的店員銷售技巧	360 元
55	如何開創連鎖體系〈增訂三版〉	360 元
56	開一家穩賺不賠的網路商店	360 元
57	連鎖業開店複製流程	360 元
58	商舖業績提升技巧	360 元
59	店員工作規範（增訂二版）	400 元
61	架設強大的連鎖總部	400 元
62	餐飲業經營技巧	400 元
64	賣場管理督導手冊	420 元
65	連鎖店督導師手冊（增訂二版）	420 元
67	店長數據化管理技巧	420 元
68	開店創業手冊〈增訂四版〉	420 元
69	連鎖業商品開發與物流配送	420 元
70	連鎖業加盟招商與培訓作法	420 元
71	金牌店員內部培訓手冊	420 元
72	如何撰寫連鎖業營運手冊〈增訂三版〉	420 元
73	店長操作手冊（增訂七版）	420 元
74	連鎖企業如何取得投資公司注入資金	420 元
75	特許連鎖業加盟合約〈增訂二版〉	420 元
76	實體商店如何提昇業績	420 元
77	連鎖店操作手冊（增訂六版）	420 元

《工廠叢書》

15	工廠設備維護手冊	380 元
16	品管圈活動指南	380 元
17	品管圈推動實務	380 元
20	如何推動提案制度	380 元
24	六西格瑪管理手冊	380 元
30	生產績效診斷與評估	380 元
32	如何藉助 IE 提升業績	380 元
38	目視管理操作技巧(增訂二版)	380 元
46	降低生產成本	380 元
47	物流配送績效管理	380 元
51	透視流程改善技巧	380 元
55	企業標準化的創建與推動	380 元
56	精細化生產管理	380 元
57	品質管制手法〈增訂二版〉	380 元
58	如何改善生產績效〈增訂二版〉	380 元
68	打造一流的生產作業廠區	380 元
70	如何控制不良品〈增訂二版〉	380 元
71	全面消除生產浪費	380 元
72	現場工程改善應用手冊	380 元
77	確保新產品開發成功（增訂四版）	380 元
79	6S 管理運作技巧	380 元
83	品管部經理操作規範〈增訂二版〉	380 元
84	供應商管理手冊	380 元
85	採購管理工作細則〈增訂二版〉	380 元
88	豐田現場管理技巧	380 元
89	生產現場管理實戰案例〈增訂三版〉	380 元
92	生產主管操作手冊(增訂五版)	420 元
93	機器設備維護管理工具書	420 元
94	如何解決工廠問題	420 元
96	生產訂單運作方式與變更管理	420 元
97	商品管理流程控制(增訂四版)	420 元
101	如何預防採購舞弊	420 元
102	生產主管工作技巧	420 元

103	工廠管理標準作業流程〈增訂三版〉	420 元
104	採購談判與議價技巧〈增訂三版〉	420 元
105	生產計劃的規劃與執行(增訂二版)	420 元
106	採購管理實務〈增訂七版〉	420 元
107	如何推動 5S 管理（增訂六版）	420 元
108	物料管理控制實務〈增訂三版〉	420 元
109	部門績效考核的量化管理（增訂七版）	420 元
110	如何管理倉庫〈增訂九版〉	420 元

《醫學保健叢書》

1	9 週加強免疫能力	320 元
3	如何克服失眠	320 元
4	美麗肌膚有妙方	320 元
5	減肥瘦身一定成功	360 元
6	輕鬆懷孕手冊	360 元
7	育兒保健手冊	360 元
8	輕鬆坐月子	360 元
11	排毒養生方法	360 元
13	排除體內毒素	360 元
14	排除便秘困擾	360 元
15	維生素保健全書	360 元
16	腎臟病患者的治療與保健	360 元
17	肝病患者的治療與保健	360 元
18	糖尿病患者的治療與保健	360 元
19	高血壓患者的治療與保健	360 元
22	給老爸老媽的保健全書	360 元
23	如何降低高血壓	360 元
24	如何治療糖尿病	360 元
25	如何降低膽固醇	360 元
26	人體器官使用說明書	360 元
27	這樣喝水最健康	360 元
28	輕鬆排毒方法	360 元
29	中醫養生手冊	360 元
30	孕婦手冊	360 元
31	育兒手冊	360 元
32	幾千年的中醫養生方法	360 元

34	糖尿病治療全書	360 元
35	活到 120 歲的飲食方法	360 元
36	7 天克服便秘	360 元
37	為長壽做準備	360 元
39	拒絕三高有方法	360 元
40	一定要懷孕	360 元
41	提高免疫力可抵抗癌症	360 元
42	生男生女有技巧〈增訂三版〉	360 元

《培訓叢書》

11	培訓師的現場培訓技巧	360 元
12	培訓師的演講技巧	360 元
15	戶外培訓活動實施技巧	360 元
17	針對部門主管的培訓遊戲	360 元
21	培訓部門經理操作手冊（增訂三版）	360 元
23	培訓部門流程規範化管理	360 元
24	領導技巧培訓遊戲	360 元
26	提升服務品質培訓遊戲	360 元
27	執行能力培訓遊戲	360 元
28	企業如何培訓內部講師	360 元
29	培訓師手冊（增訂五版）	420 元
30	團隊合作培訓遊戲(增訂三版)	420 元
31	激勵員工培訓遊戲	420 元
32	企業培訓活動的破冰遊戲（增訂二版）	420 元
33	解決問題能力培訓遊戲	420 元
34	情商管理培訓遊戲	420 元
35	企業培訓遊戲大全(增訂四版)	420 元
36	銷售部門培訓遊戲綜合本	420 元
37	溝通能力培訓遊戲	420 元

《傳銷叢書》

4	傳銷致富	360 元
5	傳銷培訓課程	360 元
10	頂尖傳銷術	360 元
12	現在輪到你成功	350 元
13	鑽石傳銷商培訓手冊	350 元
14	傳銷皇帝的激勵技巧	360 元
15	傳銷皇帝的溝通技巧	360 元
19	傳銷分享會運作範例	360 元
20	傳銷成功技巧（增訂五版）	400 元

21	傳銷領袖（增訂二版）	400 元
22	傳銷話術	400 元
23	如何傳銷邀約	400 元

《幼兒培育叢書》

1	如何培育傑出子女	360 元
2	培育財富子女	360 元
3	如何激發孩子的學習潛能	360 元
4	鼓勵孩子	360 元
5	別溺愛孩子	360 元
6	孩子考第一名	360 元
7	父母要如何與孩子溝通	360 元
8	父母要如何培養孩子的好習慣	360 元
9	父母要如何激發孩子學習潛能	360 元
10	如何讓孩子變得堅強自信	360 元

《成功叢書》

1	猶太富翁經商智慧	360 元
2	致富鑽石法則	360 元
3	發現財富密碼	360 元

《企業傳記叢書》

1	零售巨人沃爾瑪	360 元
2	大型企業失敗啟示錄	360 元
3	企業併購始祖洛克菲勒	360 元
4	透視戴爾經營技巧	360 元
5	亞馬遜網路書店傳奇	360 元
6	動物智慧的企業競爭啟示	320 元
7	CEO 拯救企業	360 元
8	世界首富 宜家王國	360 元
9	航空巨人波音傳奇	360 元
10	傳媒併購大亨	360 元

《智慧叢書》

1	禪的智慧	360 元
2	生活禪	360 元
3	易經的智慧	360 元
4	禪的管理大智慧	360 元
5	改變命運的人生智慧	360 元
6	如何吸取中庸智慧	360 元
7	如何吸取老子智慧	360 元
8	如何吸取易經智慧	360 元
9	經濟大崩潰	360 元
10	有趣的生活經濟學	360 元

11	低調才是大智慧	360 元

《DIY 叢書》

1	居家節約竅門 DIY	360 元
2	愛護汽車 DIY	360 元
3	現代居家風水 DIY	360 元
4	居家收納整理 DIY	360 元
5	廚房竅門 DIY	360 元
6	家庭裝修 DIY	360 元
7	省油大作戰	360 元

《財務管理叢書》

1	如何編制部門年度預算	360 元
2	財務查帳技巧	360 元
3	財務經理手冊	360 元
4	財務診斷技巧	360 元
5	內部控制實務	360 元
6	財務管理制度化	360 元
8	財務部流程規範化管理	360 元
9	如何推動利潤中心制度	360 元

為方便讀者選購，本公司將一部分上述圖書又加以專門分類如下：

《主管叢書》

1	部門主管手冊（增訂五版）	360 元
2	總經理手冊	420 元
4	生產主管操作手冊（增訂五版）	420 元
5	店長操作手冊（增訂六版）	420 元
6	財務經理手冊	360 元
7	人事經理操作手冊	360 元
8	行銷總監工作指引	360 元
9	行銷總監實戰案例	360 元

《總經理叢書》

1	總經理如何經營公司(增訂二版)	360 元
2	總經理如何管理公司	360 元
3	總經理如何領導成功團隊	360 元
4	總經理如何熟悉財務控制	360 元
5	總經理如何靈活調動資金	360 元
6	總經理手冊	420 元

《人事管理叢書》

1	人事經理操作手冊	360 元
2	員工招聘操作手冊	360 元

3	員工招聘性向測試方法	360 元
5	總務部門重點工作（增訂三版）	400 元
6	如何識別人才	360 元
7	如何處理員工離職問題	360 元
8	人力資源部流程規範化管理（增訂四版）	420 元
9	面試主考官工作實務	360 元
10	主管如何激勵部屬	360 元
11	主管必備的授權技巧	360 元
12	部門主管手冊（增訂五版）	360 元

《理財叢書》

1	巴菲特股票投資忠告	360 元
2	受益一生的投資理財	360 元
3	終身理財計劃	360 元
4	如何投資黃金	360 元
5	巴菲特投資必贏技巧	360 元
6	投資基金賺錢方法	360 元
7	索羅斯的基金投資必贏忠告	360 元
8	巴菲特為何投資比亞迪	360 元

《網路行銷叢書》

1	網路商店創業手冊〈增訂二版〉	360 元
2	網路商店管理手冊	360 元
3	網路行銷技巧	360 元
4	商業網站成功密碼	360 元
5	電子郵件成功技巧	360 元
6	搜索引擎行銷	360 元

《企業計劃叢書》

1	企業經營計劃〈增訂二版〉	360 元
2	各部門年度計劃工作	360 元
3	各部門編制預算工作	360 元
4	經營分析	360 元
5	企業戰略執行手冊	360 元

請保留此圖書目錄：

　　未來在長遠的工作上，此圖書目錄

可能會對您有幫助！！

在海外出差的⋯⋯⋯⋯
台 灣 上 班 族

愈來愈多的台灣上班族,到大陸工作(或出差),對工作的努力與敬業,是台灣上班族的核心競爭力;一個

明顯的例子,返台休假期間,台灣上班族都會抽空再買書,設法充實自身專業能力。

[憲業企管顧問公司]以專業立場,為企業界提供最專業的各種經營管理類圖書。

85%的台灣上班族都曾經有過購買(或閱讀)[憲業企管顧問公司]所出版的各種企管圖書。

尤其是在競爭激烈或經濟不景氣時,更要加強投資在自己的專業能力,建議你:

工作之餘要多看書,加強競爭力。

建立企業圖書館

當市場競爭激烈時：

培訓員工，強化員工競爭力
是企業最佳對策

「人才」是企業最大的財富。如何提升人才，是企業永續經營、戰勝對手的核心競爭力。積極培訓公司內部員工，是經濟不景氣時期的最佳戰略，而最快速的具體作法，就是「建立企業內部圖書館，鼓勵員工多閱讀、多進修專業書籍」

建議您：請一次購足本公司所出版各種經營管理類圖書，作為貴公司內部員工培訓圖書。使用率高的（例如「贏在細節管理」），準備 3 本；使用率低的（例如「工廠設備維護手冊」），只買 1 本。

給總經理的話

　　總經理公事繁忙，還要設法擠出時間，赴外上課進修學習，努力不懈，力爭上游。

　　總經理拚命充電，但是員工呢？

　　公司的執行仍然要靠員工，為什麼不要讓員工一起進修學習呢？

　　買幾本好書，交待員工一起讀書，或是買好書送給員工當禮品。簡單、立刻可行，多好的事！

經營顧問叢書 �335   售價：420 元

人力資源部官司案件大公開

西元二〇一九年七月   初版一刷

編著：鄭鴻波

策劃：麥可國際出版有限公司（新加坡）

編輯：蕭玲

校對：劉飛娟

發行人：黃憲仁

發行所：憲業企管顧問有限公司

電話：(02) 2762-2241   (03) 9310960   0930872873

電子郵件聯絡信箱：huang2838@yahoo.com.tw

銀行 ATM 轉帳：合作金庫銀行   帳號：5034-717-347447

郵政劃撥：18410591   憲業企管顧問有限公司

江祖平律師顧問：紙品書、數位書著作權與版權均歸本公司所有

登記證：行政業新聞局版台業字第 6380 號

本公司徵求海外版權出版代理商（0930872873）

本圖書是由憲業企管顧問(集團)公司所出版，以專業立場，為企業界提供最專業的各種經營管理類圖書。

圖書編號 ISBN：978-986-369-082-5